油气地球化学
实验实习指导书

李水福　阮小燕　胡守志　张冬梅　编著

中国地质大学出版社有限责任公司
ZHONGGUO DIZHI DAXUE CHUBANSHE YOUXIAN ZEREN GONGSI

图书在版编目(CIP)数据

油气地球化学实验实习指导书/李水福,阮小燕,胡守志,张冬梅编著. —武汉:中国地质大学出版社有限责任公司,2011.12

ISBN 978 - 7 - 5625 - 2757 - 2

Ⅰ.油…

Ⅱ.①李…②阮…③胡…④张…

Ⅲ.石油天然气地质-地球化学-高等学校-教学参考资料

Ⅳ.P618.130.1

中国版本图书馆 CIP 数据核字(2011)第 244844 号

油气地球化学实验实习指导书	李水福　阮小燕　胡守志　张冬梅　编著
责任编辑:王凤林	责任校对:张咏梅

出版发行:中国地质大学出版社有限责任公司(武汉市洪山区鲁磨路388号)　　邮政编码:430074

电　　话:(027)67883511　　　　传真:67883580　　　E - mail:cbb @ cug. edu. cn

经　　销:全国新华书店　　　　　　　　　　　　　　http://www. cugp. cug. edu. cn

开本:787 毫米×1 092 毫米 1/16　　　　　字数:110 千字　印张:4.625

版次:2011 年 12 月第 1 版　　　　　　　　印次:2011 年 12 月第 1 次印刷

印刷:武汉珞南印务有限公司　　　　　　　印数:1 — 2 000 册

ISBN 978 - 7 - 5625 - 2757 - 2　　　　　　　　　　　　　　定价:12.00 元

如有印装质量问题请与印刷厂联系调换

中国地质大学（武汉）实验教学系列教材

编 委 会 名 单

主　任:唐辉明

副主任:向　东　杨　伦

编委会成员:（以姓氏笔划排序）

牛瑞卿　王　莉　王广君　王春阳　何明中

吴　立　李鹏飞　杨坤光　杨明星　卓成刚

周顺平　罗新建　饶建华　夏庆霖　梁　志

梁　杏　曾健友　程永进　董元兴　戴光明

选题策划:

梁　志　毕克成　郭金楠　赵颖弘　王凤林

前　言

　　油气地球化学是利用化学特别是有机化学原理,专门研究油气的生成、运移、聚集与保存及其次生变化的一门科学,它既具有完整的理论体系,也是一门实验性很强的应用学科。学好油气地球化学这门课,不仅需要课堂的理论学习,更需要通过实际操作的实验教学和实习训练。然而,油气地球化学实验需要很多高、精、尖的分析仪器。为了使学生在较短的时间内能较好地掌握有关分析方法和熟悉仪器知识,帮助理解课堂讲授内容,并具有一定实际分析和解决油气地球化学问题的能力,配合教材主要内容,我们油气地球化学教学小组特编写本实验/实习指导书。

　　本指导书分为两部分,第一部分为油气地球化学分析实验部分,重点介绍油气地球化学中常见测试项目的分析原理、方法及实验过程中的注意事项等,包括岩石有机碳测定、岩石热解生油评价、镜质体反射率测定,岩石可溶有机质分离与纯化、干酪根分离与富集、干酪根显微组分鉴定和有机元素测定,以及饱和烃、芳烃组分的气相色谱分析和气相色谱-质谱分析(包括一维和全二维);第二部分为油气地球化学应用实习部分,主要训练学生运用油气地球化学分析测试资料来解决实际地球化学问题的能力,包括烃源岩评价和油源对比。该部分含有一定的实测数据,要求每位学生都要上机实习,并上网查阅相关资料,最后完成一个综合性大作业。

　　本指导书分工如下:李水福负责前言、实验一、实验三、实验十一和实习十二的编写,阮小燕负责实验四、实验五、实验九、实验十的编写,胡守志负责实验二、实验八和实习十三的编写,张冬梅负责实验六、实验七的编写,全书由李水福最后统稿。由于时间和水平有限,书中疏漏和错误在所难免,敬请读者批评指正!

编　者

2011 年 10 月 25 日

目　　录

第一部分 油气地球化学实验

实验/实习指导书的第一部分主要介绍油气地球化学分析领域现行分析测试项目的基本原理与分析方法。完整的油气地球化学分析系统包括两大类：一类是对岩石进行简单处理后可以直接测试的项目；另一类是需要对岩石进行一系列前处理才能测试的项目。对岩石直接测试的项目包括岩石总有机碳含量、镜质体反射率、岩石热解生油评价、岩石轻烃(吸附烃)色谱分析和岩石热解烃色谱分析等；对岩石进行前处理包括可溶有机质——沥青的抽提和分离纯化(原油直接分离纯化)、不溶有机质——干酪根的分离与富集。烃源岩(原油)样品油气地球化学系统分析流程详见图1。

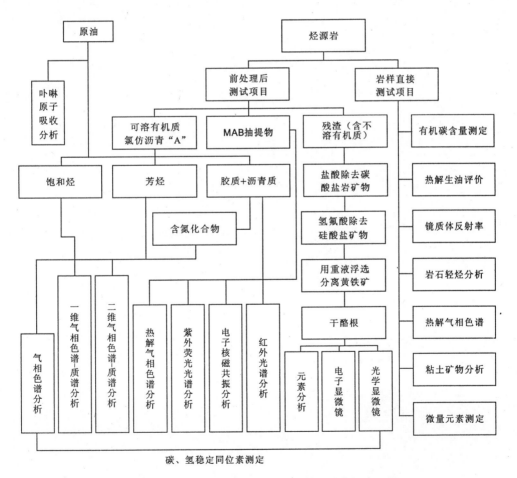

图1 烃源岩(原油)样品油气地球化学系统分析流程图

  可溶有机质根据它们的极性差异,常用柱色谱将其分离成饱和烃、芳烃、胶质和沥青质等组分,然后根据不同需要,对烃类化合物(饱和烃与芳烃)分别进行气相色谱、气相色谱-四极杆质谱或全二维气相色谱-飞行时间质谱等成分分析,解剖它们的化合物组成。从胶质(或叫非烃)组分中进一步分离出含氮化合物作色谱-质谱分析。同时,可以对每个族组分总体稳定碳同位素和饱和烃组分中的正构烷烃单体碳同位素进行测定,为生物标志化合物精细研究和油源地球化学对比服务。

  对干酪根分离与富集,主要用于岩石中不溶有机质的显微组分鉴定和有机元素测定,从而确定干酪根的类型,为烃源岩评价服务。同时,根据需要,可以对干酪根(或沥青质)进行红外光谱、核磁共振等分析,以研究干酪根(或沥青质)的组成与结构。

实验一　岩石有机碳含量测定

一、实验目的

(1)了解岩石中有机碳含量测定的基本原理和测定方法。

(2)了解碳硫分析仪的仪器结构和操作过程。

二、实验原理与仪器结构

1. 测定原理与方法

岩石中有机碳含量是衡量有机质丰度的主要指标之一,也是烃源岩评价的重要参数。它是指现今岩石中除碳酸盐和石墨中的无机碳以外的有机碳的含量。现今所测得的有机碳含量都是岩石经过一系列地质过程后残余下来的有机碳。它与有机质热演化程度有一定关系。

目前使用的方法主要有电导检测法和红外检测法两种。它们的基本原理相似,都要先用稀盐酸将岩石中的无机碳酸盐除去,然后在高温氧气流中燃烧,将有机碳转化为 CO_2 气体,再检测 CO_2 气体浓度,并采用标准样品比对,求得岩石中有机碳的含量。它们的区别在于:电导检测法是将燃烧产生的 CO_2 气体流经过一系列纯化后,用碱液(一般用 KOH)吸收,然后测定碱液吸收 CO_2 气体前后的电导率变化,以确定其含量;而红外检测法是用红外检测器直接测定燃烧产生的 CO_2 气体含量。

2. 仪器(图 1-1)

三、仪器和试剂

1. 仪器和设备

碳硫分析仪、专用瓷坩埚、分析天平(感量 0.1mg)、马弗炉、电热干燥箱、水浴锅、电热板、坩埚架、抽滤器、真空泵。

2. 溶剂

盐酸标准溶液(分析纯 5%)、无水高氯酸镁(分析纯)、碱石棉、玻璃纤维、脱硫棉、铂硅胶、铁屑助熔剂、钨粒助熔剂、各种碳含量的标准钢样、氧气(纯度为99.99%)、压缩空气或氮气(无油、水)。

图 1-1　碳氮硫测定仪

四、实验步骤

1. 仪器标定

根据样品类型选择高、中、低 3 种碳含量的标准样品进行测定，以碳含量高的标样确定校正系数。测定 3 种标样的结果均应达到标准误差要求，否则应调整校正系数重新标定。然后取一经酸处理的空坩埚加入铁屑约 1.0g、钨粒约 1.0g，测定结果碳含量不大于 0.01%。

2. 样品处理

(1)将样品磨碎至粒径小于 0.2mm(磨好的样品量一般不少于 4g)，称取 0.01～1.00g 试样(称准至 0.000 1g)。

(2)在盛有样品的容器中缓慢加入过量的盐酸溶液，放在电热板上，控制温度在 60～80℃，溶样 2h 以上，直至反应完全为止。

(3)将溶好的样品转移到置于抽滤器上的坩埚里，用蒸馏水洗净残留的酸液，按顺序放在坩埚架上。

(4)将样品坩埚放入 70～80℃ 的烘箱内，烘干待用。

3. 样品测定

在烘干的样品坩埚中加入铁屑约 1.0g、钨粒约 1.0g，并放置于碳硫分析仪的感应炉中，然后输入样品质量，按"分析键"进行样品测定，测定结果自动打印。

五、注意事项

(1)在样品处理过程中加酸一定要缓慢，以免酸分解碳酸盐的反应过于激烈，导致样品溅出和烃类的损失。一旦样品溅出，应重做。

(2)经常注意仪器中氧化剂的效用，及时更换，确保样品中的有机质充分氧化，完全转化为 CO_2。

(3)每测定 20 块样品应清刷燃烧管一次，并插入标样检测仪器，如果标样测定结果超出误差范围，应重新标定仪器。

实验二　镜质体反射率测定

一、实验目的

(1)了解显微光度计测定镜质体反射率的原理和方法。

(2)掌握镜质体反射率的测定流程和数据处理方法。

二、实验原理

镜质体反射率是指有机质中的镜质体(如煤、有机碎屑、干酪根等)对垂直入射于其抛光面上光线的反射能力,即反射光强度占入射光强度的百分比,表示为:

$$R(反射率)=I_r(反射光强度)/I_i(入射光强度)×100 \qquad (2-1)$$

反射率的测定是利用光电效应原理,通过光电倍增管将反射光强度转变为电流强度,并与相同条件下已知反射率的标样产生的电流强度相比较而得出。

三、仪器和试剂

1. 仪器和设备

双目偏光显微镜(载物台、光源、棱镜和平面镜垂直照明器、物镜、目镜、视域光阑和孔径光阑)、光度计(光电倍增管、单色仪、测量光阑、电子控制系统)和其他辅助设备(电子交流稳压器、压平器、压片机、预磨机、抛光机)。

2. 试剂

固结剂(有机玻璃粉或其他固结材料)、预磨材料($300^\#\sim900^\#$的水砂纸或 M20～M50 的刚玉粉)、抛光液(氧化铝或氧化铬悬浊液)、酒精或异丙醇(分析纯)、橡皮泥、载玻片、浸油、标样。

四、实验步骤

1. 样品制备

(1)制备光片:用固结剂与样品按一定比例混合固化成型,也可用岩石直接切片;然后依次用水砂纸或刚玉粉进行预磨、用抛光液抛光(对于泥炭、褐煤或其他不能用水剂抛光液抛光的样品用酒精或异丙醇预磨、抛光)。

(2)检查光片质量:将抛光好的样品置于 10 倍或 20 倍干物镜下进行光片的抛光面检查,是否无污斑、无针状擦痕、无布纹、组分界线清晰、极少划道和麻点,合格后将其放入干燥器内,12h 后方可测定。

2. 测量样品

按操作规程经过检验和校正,仪器处于正常工作状态即可进行测量。在油介质中测镜质

体的最大反射率 R_{max} 和随机反射率 R_{ran} 的方法如下：放入偏光器将压平的样品滴上汽油，按一定的点距和行距(一般点距为 $0.5\sim1.0mm$，行距为 $1.0\sim2.0mm$)查找欲测的颗粒，定测点后，缓慢转动载物台 $360°$，出现两次相同的最大值，此即为样品的最大反射率。取下偏光器，使入射光为自然光，不必转动载物台，在任意位置直接读数即得随机反射率。若镜质体颗粒非常细小，不能旋转载物台测定最大反射率值时，可先测定随机反射率值，然后采用换算的方法求取镜质体油浸最大反射率，即当反射率小于 2.5% 时，$R_{max}=1.0645\times R_{ran}$；当反射率为 $2.5\%\sim6.5\%$ 时，$R_{max}=1.2858\times R_{ran}-0.3963$。当反射率 $R\leqslant0.5\%$ 时，至少测 25 个点；$R>0.5\%$ 时，至少测 30 个点，如测点数少于 10 个，应注明该数据仅供参考。

3. 数据处理

由计算机根据相关程序操作直接完成，给出 $\overline{R}$(平均反射率值)、n(测点数)、S(标准偏差)和直方图。平均反射率值和标准偏差公式如下：

$$\overline{R}=\frac{\sum R_i}{n} \qquad S=\sqrt{\frac{n\sum R_i^2-(\sum R_i)^2}{n(n-1)}} \qquad (2-2)$$

式中：R_i——每个测点的测值，$\%$；

　　　n——测点数；

　　　$\overline{R}$——平均最大或随机反射率百分数，$\%$；

　　　S——标准偏差。

当 $R\leqslant2.5\%$ 时，平均反射率值用 R_{ran} 数据，当 $R>2.5\%$ 时，用 R_{max} 数据。反射率测定的结果精度以 100 个测点为准，同一个操作者使用同一台仪器对同一个样品进行测定时，测值分布的标准偏差应低于 0.02%，不同操作者使用不同仪器对同一样品进行测定时应低于 0.03%。

五、注意事项

(1)所送样品应注明地区、井号、深度、层位以及岩性等资料。

(2)如果测定的是干酪根样品，则需将岩样中干酪根分离提纯后方能磨制光片。

(3)测区内应为单一显微组分，无抛光凹陷、无黄铁矿等干扰反射率测定的物质，测定时要认准镜质体颗粒而不是其他有机显微组分或矿物。

(4)所测点在光片上应尽可能均匀分布。

(5)每测完一块样品或经过 2h 后，须复测一次标样，如与测定前标样数值相差大于 0.02%，则所测样品须重新测定。

(6)反射率符号书写规范，由于所测样品均为油浸镜质体反射率，所以常用 R_o 表示，R 为大写斜体，o 为小写下标(有些规范为上标)，即 R_o。

实验三　　岩石热解分析

一、实验目的

(1)熟悉岩石热解分析(Rock Eval 6)仪器进行岩石热解分析的流程。

(2)掌握岩石热解分析仪器测定得出各种参数的含义。

二、仪器原理与结构

用氢火焰离子化检测器检测岩样在热解过程中排出的烃类化合物。热解后的残余碳有机质加热氧化生成的二氧化碳,由热导检测器。有的仪器采用红外检测器检测,或氧化生成的二氧化碳催化加氢生成甲烷后再由氢火焰离子化检测器检测。

三、仪器和试剂

1. 仪器和设备

岩石热解分析仪(图 3 - 1)、残余碳分析仪(图 1 - 1)、数据处理系统、天平(感量 0.1mg)。

图 3 - 1　Rock Eval 6 岩石热解仪

2. 试剂和材料

氦气（纯度＞99.99%）、氮气（纯度＞99.99%）、氢气（纯度＞99.99%）、空气（干燥净化）、无水硫酸钙（化学纯）、二氧化碳吸附剂（化学纯）、二氧化锰（化学纯）、氧化铜（化学纯）、5Å 分子筛（化学纯，1Å＝1×10^{-10} m）、镍催化剂（化学纯）、岩石热解标准物质（国标）。

四、实验步骤

1. 开机

打开各种气体阀，启动主机及数据处理系统。待仪器稳定后，进行不少于两次的空白运行。

2. 标样分析

准确称量同一标准物质约 100mg，平行分析不少于两次，其 S_2、S_3、S_4 及 T_{max} 值应符合分析精密度要求。

3. 岩样分析

准确称取待测样品约 100mg（对于有机质含量低或者成熟度高的样品可适当增加样量，反之则减少样量）进行分析。

对于烃源岩，主要分析参数为：

（1）气态烃量 S_0：在 90℃下检测的单位质量烃源岩中的烃含量，mg/g。

（2）游离烃量 S_1：在 300℃下检测的单位质量烃源岩中的烃含量，mg/g。

（3）热解烃量 S_2：在 300～600℃下检测的单位质量烃源岩中的烃含量，mg/g。

（4）二氧化碳量 S_3：在 300～390℃下检测的单位质量烃源岩中 CO_2 含量，mg/g。

（5）残余有机碳量 S_4：单位质量烃源岩热解后的残余有机碳含量，%。

（6）热解烃峰顶温度 T_{max}：烃源岩热解烃峰 S_2 的最高点对应的热解温度，℃。

（7）总有机碳量 TOC：单位质量烃源岩中有机碳含量，%。

对于储集岩，主要分析参数为：

（1）含气量 S'_0：在 90℃下检测的单位质量储层岩石中的烃含量，mg/g。

（2）含轻质油量 S'_1：在 300℃下检测的单位质量储层岩石中的烃含量，mg/g。

（3）含重质油及胶质和沥青质的热解烃量 S'_2：在 300～600℃下检测的单位质量储层岩石中的烃含量，mg/g。

（4）含汽油量 S'_{1-1}：在 200℃下检测的单位质量储层岩石中的烃含量，mg/g。

（5）含煤油和柴油量 S'_{2-1}：在 200～350℃下检测的单位质量储层岩石中的烃含量，mg/g。

（6）含重油量 S'_{2-2}：在 350～450℃下检测的单位质量储层岩石中的烃含量，mg/g。

（7）胶质及沥青质热解烃量 S'_{2-3}：在 450～600℃下检测的单位质量储层岩石中的烃含量，mg/g。

（8）残余有机碳量 S'_4：单位质量岩石热解后的残余油的碳占岩石质量的百分数，%。

（9）重质油峰顶温度 T'_{max}：S'_2 峰的最高点相对应的温度，℃。

各参数分析条件见表 3-1。

表 3-1 岩石热解参数分析条件

分析参数	分析温度(℃)		恒温时间 (min)	升温速率 (℃/min)
	起始	终止		
S'_0、S_0	90	90	2	—
S'_1、S_1	300	300	2～3	—
S'_2、S_2	300	600	—	10、25、30、50
S_3	300	390	—	10、25、30、50
S'_4、S_4	600	600	7	—
S'_{1-1}	200	200	1	—
S'_{2-1}	200	350	1(350 ℃)	50
S'_{2-2}	350	450	1(450 ℃)	50
S'_{2-3}	450	600	1(600 ℃)	50
T'_{max}、T_{max}	300	600	—	10、25、30、50

4. 计算参数并分析成果资料

根据评价岩石性质,对测得参数进行相关评价参数计算,其具体评价参数及计算公式详见教材。

五、注意事项

(1)仪器先通气后接通电源,严格按规定操作仪器。

(2)每次开机分析 12～24h 后,必须重新测定一块标样。

实验四　可溶有机质抽提

一、实验目的

本实验根据氯仿对岩石中沥青物质的溶解性,用抽提装置对沥青进行萃取,并求出沥青的含量。通过实验,使学生了解岩石中可溶有机质的抽提原理、主要抽提方法,掌握索氏抽提仪抽提的操作流程及可溶有机质的测定方法。

二、实验原理

根据有机质相似相溶的原理,极性分子组成的溶质易溶于极性分子组成的溶剂;非极性分子组成的溶质易溶于非极性分子组成的溶剂。根据研究目标的不同,选择具有不同极性的溶剂,借助一定的抽提装置或仪器,在设定的温度压力条件下对岩石中的有机质组分进行抽提。抽提出的有机物称为可溶有机质。用三氯甲烷即氯仿抽提岩石中的可溶有机质,叫氯仿沥青"A"。

常规的抽提方法有很多,如冷浸法、索氏抽提、超声波抽提。索氏抽提法是应用最为广泛的方法。样品置于索氏抽提器中,溶剂置于下部烧瓶里,加热烧瓶使溶剂汽化进入索氏抽提器,经抽提器上方冷水的冷却,气态溶剂冷凝为液态溶剂,直接滴落在装有样品的索氏抽提器中。当冷凝溶剂的液面不断上升并超过索氏抽提器回流管的高度时,在虹吸现象的作用下,索氏抽提器中的溶液全部流回至下部烧瓶中。如此不断循环,使样品中的可溶有机质充分溶解出来(图4-1)。这种抽提方法抽提比较充分,适用于定量分析。其显著的缺点是抽提时间长,泥岩一般需要抽提72h,碳酸盐岩需要抽提48h,抽出物较长时间处于加热状态,轻组分大多散失。

超声波抽提法是利用超声波产生的强烈振动,使样品中的可溶有机组分快速渗入溶剂。其抽提效率高,1h抽提相当于索氏抽提72h,避免了抽提物受热,但是一般抽出量较索氏抽提法大。

近年来发展起来的快速溶剂(ASE)萃取

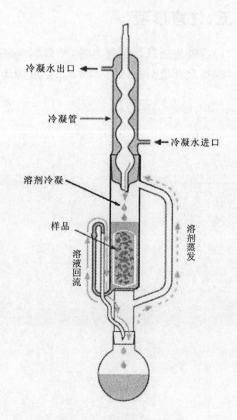

冷凝水出口

冷凝管

冷凝水进口

溶剂冷凝

样品

溶剂蒸发

溶液回流

图4-1　索氏抽提器

仪(图 4-2),作为一种快速高效的抽提装置,也逐步被引入国内各大实验室。快速溶剂萃取技术是在高温(室温～200℃)、高压(0.1～20MPa)条件下快速提取固体或半固体样品中的有机质的前处理方法,与传统的索氏抽提、超声抽提等方法相比,ASE 具有萃取时间短、溶剂用量少、萃取效率高等突出优点。样品抽提仅需 12～20min,15ml 溶剂就能满足抽提需要,使溶剂的消耗量降低 90% 以上,不仅减少了抽提成本,而且由于溶剂量的减少加快了样品前处理中提纯和浓缩的速度,进一步缩短了分析时间。ASE 通过提高温度和增加压力来进行萃取,减少了基质对溶质(被提取物)的影响,增加了溶剂对溶质的溶解能力,使溶质较完全地提取出来,提高了抽提效率和样品的回收率,现已被美国

图 4-2　DIONEX 350 型 ASE 萃取仪

环保局(EPA)作为标准方法用于环境样品中污染物的检测。ASE 在烃源岩、现代沉积物和前寒武纪可溶有机质提取上充分显示出其快速、高效的优势。

三、仪器设备、试剂和材料

主要介绍常规的索氏抽提法所使用的仪器、试剂和材料。

1. 仪器设备

抽提器、电热恒温水(油)浴锅、分析天平(感量 0.1mg)、荧光灯、称量瓶、碎样机、分样检验筛、冷却水装置、旋转蒸发仪。

2. 试剂

氯仿(分析纯)、丙酮(分析纯)、无水乙醇(分析纯)、盐酸(分析纯)。

3. 材料

铜片,铜含量应大于 99%,使用前用下列方法之一进行处理:

——用稀盐酸(体积比 1∶3)活化处理,并分别用水、乙醇或丙酮、氯仿冲洗干净。

——用细砂纸磨去表面氧化物,并用氯仿冲洗干净。

4. 样品包装物

滤纸、脱脂棉等,使用前用氯仿抽提至不发荧光。

四、分析步骤

1. 样品准备

按送样单核对样品,样品应没有污染,样品粉碎前应在 40～45℃干燥 4h 以上,干燥后的样品应在不超过 50℃下粉碎至粒径 0.18mm 以下,并保持干燥备用。

2. 包样

依据岩性称取粉碎后的样品适量,装入经抽提的滤纸筒中包好。

3. 抽提

将包好的样品装入抽提器样品室中,在底瓶中加入提纯的氯仿和数块用于脱硫的铜片,氯仿加入量应为底瓶容量的 1/2～2/3,加热温度小于或等于 85℃。抽提过程中应注意补充氯仿。抽提过程中如发现铜片变黑,应再加铜片至不变色为止。从样品室滴下的抽提液荧光减弱至荧光 3 级以下时(荧光系列配制见附录 A),抽提完成。

4. 抽提物浓缩

用旋转蒸发仪浓缩抽提物溶液,设置旋转蒸发仪的蒸空度和水浴锅的加热温度,使溶剂挥发速度保持在每秒钟 1～2 滴的水平。将浓缩液经过滤转移至已恒重的称量瓶中,在温度小于或等于 40℃ 条件下挥发至干。

5. 脱盐

如抽提得到的氯仿沥青有盐析出,用氯仿再过滤一次。

6. 恒重

在相同条件下,空称量瓶两次(间隔 30min)称量之差小于或等于 0.2mg,装有氯仿沥青的称量瓶两次(间隔 30min)称量之差小于或等于 1.0mg,视为恒重。

7. 计算

分析结果按下式计算:

$$X = \frac{G_2 - G_1}{m} \times 100\% \qquad\qquad (4-1)$$

式中:X——氯仿沥青质量分数;

G_1——称量瓶质量,g;

G_2——称量瓶加氯仿沥青质量,g;

m——样品质量,g。

所得结果修约到 4 位小数。

8. 质量要求

从样品室滴下的抽提液荧光级别不能高于 3 级。平行分析的样品数以样品总数的 5％～10％为宜。平行分析的结果误差应符合表 4-1 的规定。

表 4-1　平行样分析允许差值范围对照表

氯仿沥青含量范围(%)	平行样结果允许最大差值(%)
＞0.2	＞0.004
0.1～0.2	0.002～0.004
0.05～0.1	0.001～0.002
＜0.05	＜0.001

五、注意事项

(1)氯仿对人体危害极大,操作要在通风柜中进行。

(2)氯仿应回收处理。

(3)宜使用冷却水循环装置。

说明:本实验方法主要依据石油行业标准 SY－T5118－2005 的规定。

附录 A　(规范性附录)——荧光系列配制

1．配制方法

1.1　准确称取发光颜色具代表性的原油(需脱水去杂)或氯仿沥青"A" 1.000g 于洁净的小烧杯中,用分析纯的氯仿(无荧光)溶解并转入 100ml 容量瓶,加氯仿至刻度并摇匀,得到 15 级荧光溶液。

1.2　准确取出 50ml 15 级荧光溶液转入 100ml 容量瓶,加氯仿至刻度并摇匀,得到 14 级荧光溶液。

1.3　准确取出 50ml 14 级荧光溶液转入 100ml 容量瓶,加氯仿至刻度并摇匀,得到 13 级荧光溶液。

1.4　以后依此类推,逐级稀释至 3 级。

1.5　每级标准取 2.5～5ml 注入比色管,立即封口,置阴凉黑暗处备用。

2．注意事项

2.1　由于标准溶液易因溶剂挥发或受可见光及紫外光影响引起色变,所以一定要严格密封并存放于暗处。

2.2　由于各地区原油或岩石氯仿萃取物的发光颜色不同,故应与同一类型的标准比色,如发光颜色不同,则需另行配制标准。

2.3　所用任何容器、溶剂均应检查确保无荧光。

实验五　　族组分分析

一、实验目的

岩石可溶有机物和原油族组分分析就是要将岩石可溶有机物和原油中的沥青质用正己烷或石油醚沉淀后,将其可溶物通过硅胶氧化铝层析柱,并采用不同极性的溶剂,依次将其中的饱和烃、芳烃和非烃组分分别淋洗出来,驱赶溶剂,称量,以求得样品中各组分的含量。

通过本实验,使学生了解岩石可溶有机物和原油族组分柱层析分析的基本原理,掌握柱层析分析中吸附剂活化、装柱方式、淋洗剂选择、样品分离、组分计算等分析方法。

二、实验原理

柱层析法的分离原理是根据物质在硅胶或氧化铝等固定相上的吸附力不同而使各组分分离。一般情况下极性较大的物质易被硅胶或氧化铝等固定相吸附,极性较弱的物质则不易被固定相吸附。当采用溶剂洗脱时,发生一系列吸附、解吸、再吸附、再解吸的过程,吸附力较强的组分,移动的距离小,后出柱;吸附力较弱的组分,移动的距离大,先出柱。柱层析的流动相是根据极性相似相容的原理选择的,流动相的极性与所要洗脱的物质极性接近:极性小的用正己烷-石油醚洗脱,极性较强的用甲醇-氯仿洗脱,极性强的用甲醇-水-正丁醇洗脱。

三、仪器设备、试剂和材料

1.仪器和设备

层析柱(内径 7~12mm,长 400~500mm)、分析天平(感量 0.01mg)、电热干燥箱(室温~200℃)、马弗炉、电热水浴锅、真空干燥箱。

2.试剂和材料

试剂:所用试剂均需精馏纯化,并用色谱或紫外光(200~400nm)检测检查无峰方可使用。本实验室多使用进口色谱纯试剂:正己烷、30~60℃石油醚、二氯甲烷、无水乙醇、氯仿。

硅胶:选用粒径为 0.177~0.149mm(80~100 目)的层析胶,用氯仿抽提至不发荧光,再用蒸馏水煮沸 10min,烘干后在 140~150℃电热干燥箱中活化 8h,在干燥器中冷却后装入磨口瓶中备用,使用前再活化 4h。

氧化铝:选用粒径为 0.149~0.074mm(100~200 目)的层析硅胶,用氯仿抽提至不发荧光,在 400~450℃马弗炉内活化 4h,取出稍冷,移入干燥器中冷却后装入磨口瓶中,置于干燥器中保存备用。

脱脂棉,经氯仿抽提至不发荧光。

四、分析步骤

(1)在分析天平上称取 20～50mg 氯仿沥青或原油样品(原油需脱水,除去杂质),放入 50ml 带塞三角瓶中。

(2)加入 0.1ml 氯仿,使试样完全溶解,待氯仿挥发后,在不断晃动下逐渐加入 30ml 正己烷或 30～60℃的石油醚,静置 12h,使试样中的沥青质沉淀。

(3)用塞有脱脂棉的短颈漏斗过滤沥青质,用三角瓶承接滤液,以正己烷或 30～60℃的石油醚洗涤三角瓶及脱脂棉至滤液无色为止。

(4)滤液在 70～80℃水浴锅上蒸馏浓缩(回流不超过 120 滴/min)至 3～5ml 时取下,待柱层析分离。

(5)换上已恒重的称量瓶,用氯仿溶解三角瓶及漏斗中脱脂棉上的沥青质,洗涤至滤液无色,挥发干净溶剂。

(6)在层析柱底部填塞少量脱脂棉,先加入 3g 硅胶,再加入 2g 氧化铝,轻击柱壁,使吸附剂填充均匀,并立即加入 6ml 正己烷或 30～60℃的石油醚润湿柱子。

(7)润湿柱子的正己烷或 30～60℃的石油醚液面接近氧化铝层顶部界面时,将样品浓缩液(3～5ml)转入层析柱,以每次 5ml 正己烷或 30～60℃的石油醚共 6 次淋洗饱和烃,用称量瓶承接饱和烃馏分。

(8)当最后一次 5ml 正己烷(或 30～60℃的石油醚)液面接近氧化铝层顶部界面时,以每次 5ml 2:1 的二氯甲烷与正己烷(或 30～60℃的石油醚)混合溶剂共 4 次淋洗芳香烃。当第一次 5ml 二氯甲烷与正己烷(或 30～60℃的石油醚)混合溶剂流进柱内 3ml 时(原油样为 2ml),取下承接芳香烃的称量瓶。

(9)在最后一次 5ml 二氯甲烷与正己烷(或 30～60℃的石油醚)混合溶剂液面接近氧化铝层顶部界面时,先用 10ml 无水乙醇流进柱内 3ml 时,取下承接芳烃的称量瓶,换上承接非烃的称量瓶。

(10)将上述分离好的各组分承接瓶置于 40℃条件下挥发干净溶剂。

(11)所用称量瓶在 40℃的烘箱中保持 30min,取出放入干燥器中 30min 后称重,两次称量之差不得超过 ±0.20mg。饱和烃、芳香烃、非烃和沥青质各组分在 40℃的烘箱中保持 30min,取出放入干燥器中 30min 后,称量 2～3 次,取最后的称量值。每批样品整个称量流程的湿度变化不超过 20%。

(12)按步骤(11)对每批样品做一空白值。

(13)计算:

$$\omega(S,A,N,B) = \frac{G_1 - G_2 - G_3}{m} \times 100\% \tag{5-1}$$

式中:$\omega(S,A,N,B)$——各族组分的质量分数;

G_1——称量瓶加组分加空白值的质量,mg;

G_2——称量瓶质量,mg;

G_3——组分空白值,mg。

m——样品的质量,mg。

所得结果修约到两位小数。

(14)质量要求:样品中饱和烃、芳烃、非烃和沥青质 4 个组分总回收率要达到 85.00%~105.00%,低于上述规定应作平行样分析。

五、注意事项

(1)柱层析所用试剂氯仿、正己烷、二氯甲烷对人体危害极大,因此,层析柱必须安装在 10~30℃的通风柜中。

(2)每一批样品的饱和烃、芳香烃和非烃的相对含量有较大差异,所需各类淋洗试剂的量也会有所变化,需要先作条件实验确定。

(3)本实验方法适用于岩石可溶有机物和正常原油及重质原油的族组分分析,不适用于轻质原油的族组分分析。

说明:本实验主要依据石油天然气行业标准 SY/T 5119 — 1995。

实验六　干酪根制备

一、实验目的

(1)了解岩石中干酪根分离与制备的基本原理。

(2)掌握化学分解与重液浮选相结合的干酪根制备方法。

二、实验原理

沉积岩中干酪根的分离是有机地球化学分析手段中常规项目之一。干酪根分离是采用化学、物理的方法,除去岩石中的无机矿物和可溶有机质,使不溶有机质得到富集。

化学-物理法:先用盐酸除去碳酸盐和部分硫化物及碱性或两性氧化物、氢氧化物,用氢氟酸除去硅酸盐类及石英,再用碘化钾与碘化锌配比成密度为 $2.4g/cm^3$、$2.2g/cm^3$、$2.0g/cm^3$、$1.8g/cm^3$ 等重液,通过反复搅拌—离心分离—清洗,使黄铁矿与干酪根分开。

上述过程的反应如下:

处理反应:$CaCO_3 + 2HCl \Longrightarrow CaCl_2 + H_2O + CO_2$

$SiO_2 + 4HF \Longrightarrow SiF_4 + 2H_2O$

不利的副反应:$SiF_4 + 4H_2O \Longrightarrow H_4SiO_4 + 4HF$

$SiO_2 + 2HF \longrightarrow H_2SiO_6$

$Ca^{2+} + 2F^- \Longrightarrow CaF_2$

三、仪器和试剂

1. 试剂

盐酸(1:1)、40%氢氟酸、重液、锌粉、硝酸银等。

2. 仪器与器皿

离心机、搅拌器、离心管、烧杯、牛角勺等。

四、实验步骤

1. 样品检查

检测样品是否混入其他杂质。

2. 样品测定

称取一定量(根据岩性和有机质丰度,泥岩以50g为宜,碳酸盐岩可以适当多取样)抽提过的岩样直接倒入反应缸内加水浸没,开动搅拌器,按流程进行各种处理。整个制备流程如图6-1所示。

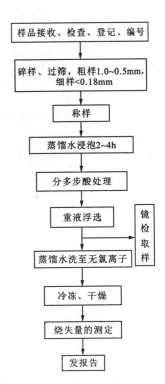

图6-1　干酪根制备流程图

3. 干酪根的纯度测定

（1）称取 20～40mg 干酪根样品，置于马弗炉中升温至 850℃灼烧半小时称重至恒量。

（2）测定灰分中铁的含量，计算黄铁矿及其他无机矿物的含量。

（3）干酪根中杂质含量过多，对以后的测试分析会造成困难和误差，因干酪根中允许杂质含量小于实测灰分的 35％。

五、注意事项

（1）用于分析的干酪根岩样，泥页岩有机碳含量不低于 0.5％，碳酸盐岩不低于 0.1％。

（2）分析人员应注意防护和保健，盐酸、氢氟酸瓶盖必须在通风柜中开启，并且要戴胶皮手套，用后将盖盖严，防止挥发，防止酸和溶剂危及人体。

（3）目前国内已有自动的干酪根制备仪（图 6-2），相比而言，要比手工操作安全一些。

图 6-2 干酪根自动制备仪

实验七　干酪根元素分析

一、实验目的

(1)了解元素分析仪的基本工作原理。

(2)熟悉干酪根元素含量的测定方法。

二、实验原理

1. 碳、氢元素含量测定

干酪根中的碳、氢、氮在通入氧气的高温燃烧管中被氧化成二氧化碳、水和氮的氧化物。再通过还原管,氧化氮被还原成氮。生成的二氧化碳、水和氮由色谱柱或硅胶柱分离,热导检测器检测。

2. 氧元素含量测定

样品有机质中的氧在裂解管的氮气流中发生高温裂解反应生成一氧化碳,由热导检测器或红外检测器检测。

三、仪器和试剂

1. 仪器

元素分析仪(图 7-1)、电子天平(感量 0.001mg)、烘箱。

2. 试剂

标准试剂、催化剂、还原铜、氧化铜、铬酸铅(纯度为 99.9%)、P_2O_5(分析纯)、烧碱石棉(分析纯)、无水过氯酸镁(分析纯)、炭黑、氮气(纯度不低于99.99%)、氧气(纯度不低于99.99%)、空气、混合气(氮气与氢气的体积比为95:5,纯度不低于99.99%)、碳、氢、氧分析柱、石英燃烧管、石英还原管、石英裂解管、锡容器、银容器、石英毛、银毛、石英砂、铂丝和玻璃干燥管。

图 7-1　元素分析仪

四、实验步骤

1. 样品预处理

将干酪根用玛瑙研钵研细混匀,在烘箱中于 60℃干燥 4h,贮存于干燥器中备用。

2. 样品测定

(1)碳、氢的测定:检查分析系统的气路,正常后启动仪器,设定分析参数,按照操作条件调节仪器。将称好的标样(0.5~5.00mg)装入样品盘,测定标样,符合质量要求后,称取待测样品(0.5~5.00mg)装入样品盘,运行分析程序至分析完成。

(2)氧的测定:将仪器转换成氧分析状态测试。

3. 计算公式

(1)感量因子的计算。标准样品中某元素的感量因子计算:

$$K = t \times m_s / I_s \tag{7-1}$$

式中:K——标准样品中某元素的感量因子,mg/mV(mg/mm^2);

　　t——标准样品中某元素的理论质量分数,%;

　　m_s——标准样品的质量,mg;

　　I_s——标准样品的积分值,mV(mm^2)。

(2)元素质量分数的计算。元素(碳、氢、氧)的质量分数计算:

$$W(\text{C 或 H、O}) = \overline{K} \times I \times 100 / m \tag{7-2}$$

式中:$W(\text{C 或 H、O})$——碳(氢、氧)元素的质量分数,%;

　　$\overline{K}$——平均感量因子(算术平均值),mg/mV(mg/mm^2);

　　I——样品的积分值,mV(mm^2);

　　m——样品的质量,mg。

五、注意事项

(1)使用微量电子天平时,要在开启一段时间后方可进行校准称量,且每次称量前必须检查灵敏度,进行校准。

(2)每次测定元素时,至少使用两种以上的标样,用平均校正因子计算。每测几个未知样品就要加标样进行检查。

(3)元素标样要重复测定 3 次,且其绝对误差应小于±0.3。

实验八　干酪根显微组分鉴定

一、实验目的

(1)熟悉普通显微镜的操作方法。

(2)掌握透射光和荧光下干酪根的各显微组分特征,学会在显微镜下识别各显微组分。

(3)了解各种干酪根的类型划分方法,熟练掌握类型指数划分方案。

二、实验原理

根据干酪根中各种显微组分在镜下的特征,在镜下直接观察干酪根的形态或荧光性,鉴定各显微组分,用数点法统计各种显微组分所占百分比或荧光强度。

三、仪器和试剂

1.仪器和设备

显微镜、载玻片、盖玻片、尖头镊、棕色滴瓶、描笔。

2.试剂

无水乙醇(分析纯)、丙三醇(分析纯)、聚乙烯醇(分析纯)、乳胶、无荧光粘结剂。

四、实验步骤

1. 制片

按照制片要求制片,所制薄片应达到样品分布均匀,不同显微组分颗粒基本无重叠。

2. 测定

利用显微镜对样品进行测定。首先开启显微镜高压汞灯,再开启白光光源,并检查白光和荧光切换装置是否正常;然后将光片置于载物台上,在 40 倍物镜下,统观样品后,确定其代表性粒径。代表性粒径大小的确定应保证大于该粒径的颗粒含量在 50% 以上,即作为 1 个统计单位,然后依次等距离地移动视域,每个视域的中心点作为被鉴定物的固定坐标,凡进入此坐标的样品颗粒,根据其透射光、荧光特征和粒径单位进行鉴定、统计。至少要鉴定统计 300 个单位,然后按各组分的单位数算出其相应的百分含量。

干酪根显微组分常分为类脂组、壳质组、镜质组和惰质组,每个显微组分特征及描述如下。

(1)类脂组:主要来自藻类,由类脂体组成,具有较高的生烃潜力。

A. 藻质体主要有蓝藻、绿藻、甲藻及分类不明的疑源类。保存较好的多为椭圆形,大小由几十到几百微米不等,呈放射状排列,其中似粘球藻和葡萄藻科为群体;在高倍镜下群体中的黑色斑点常是细胞的内胞腔。藻质体呈柠檬黄色、黄褐色或淡绿黄色;在荧光显微镜下,光片上的藻类群体,呈绿色至黄褐色的荧光。

B. 无定形基质多是水生生物和藻类彻底分解的产物,多呈棉絮状或云雾状,没有一定的外形轮廓,透射光下以黄色为基团,颜色多变,由黄、棕到灰色,透明至不透明,大小从几十到几百微米不等,这类腐泥基质与腐殖基质的区别是前者发黄、灰黄色或棕色的荧光。

(2)壳质组:壳质组的母源多为高等植物的壳质组织,含有高级脂肪酸、高级醇和脂,通过水解或还原作用可生成烃,在干酪根总量中一般占 2%~10%;据报道,煤中壳质组分占有机质 10%~15% 以上时,就具有较好的生油性能。

A. 角质体角质膜存在于植物的叶、枝、芽的最外层,是由角质物质组成,其角质层内储藏有脂肪酸。显微镜下呈细长条带,外缘平滑,内缘呈锯齿状,条带呈尖角状折曲。

B. 树脂体形状颇多,常呈椭圆形、纺锤形、轮廓清楚,没有结构,透光色较浅,多呈柠檬黄色。

C. 孢粉体、孢子、花粉是孢子植物和种子植物的繁殖器官,是高等植物中含类脂物和蛋白质较多的部分。大孢子直径一般为 0.1~3mm,有时达 5~10mm;小孢子一般小于 0.1mm,花粉形态与小孢子相似,但没有小孢子表面常有的三射线裂缝痕。

(3)镜质组:是干酪根中主要显微组分之一,平均占 4%~30%,母源来自高等植物的木质部分,无荧光显示,主要生成天然气和腐殖煤。

A. 结构镜质体具有较清晰的木质结构,呈长管状细胞、各种导管和纤维状结构,有时这些细胞由小孔连成网状,形成多种形态。结构的清晰、模糊和透明度随变质程度而不同。颜色由淡黄—褐黄色、红棕色等。

B. 无结构镜质体是经过凝胶化——植物组织在水的浸泡下,吸水膨胀使植物组织结构变形、破坏以致消失;是经分解后产生的腐殖酸溶液凝聚及生物化学作用而形成,称为"镜煤",其反射率可判断有机质成熟程度。

(4)惰质组:是高等植物的木质纤维组织,经丝炭化作用形成,仅能生成痕量的天然气。透射光下呈黑色、不透明的棱角状,有时保留植物的细胞结构或粒状结构。由于质脆易碎,在干酪根薄片中常为细分散粒状,其反射率最高,无荧光,在干酪根研究中把再次沉积,经次生氧化的有机颗粒也归入此类。

3. 数据统计和类型划分

主要采用两种方法,一种是统计主要成分类脂体与镜质体的比例;另一种是采用类型指数(TI 值)来划分干酪根类型,具体方法是把鉴定的各组分百分含量代入下式:

$$TI = \frac{类脂组 \times 100 + 壳质组 \times 50 - 镜质组 \times 75 - 惰质组 \times 100}{100} \tag{8-1}$$

加权系数是根据干酪根中各显微组分对生油的贡献能力制定的,其分类标准见表 8-1。

表 8-1　干酪根类型分类标准

指标 类型	第一种方法		第二种方法
	类脂体(%)	镜质体(%)	TI 值
Ⅰ 型	>90	<10	>80
Ⅱ₁ 型	65~90	10~35	40~80
Ⅱ₂ 型	25~65	35~75	0~40
Ⅲ 型	<25	>75	<0

五、注意事项

(1)对显微组分进行鉴定时,一般要 400～600 倍镜下进行鉴定,并且同时用透射光和荧光进行鉴定,对鉴定过程中的典型特征颗粒要拍摄彩色照片。

(2)每批样品重复鉴定 10%,其类型划分必须相同,当类型在指数接近分类界线时,允许相差一个类型级别。

实验九　气相色谱分析及其谱图解析

一、实验目的

通过实验,让学生了解气相色谱的基本原理、样品分析流程、数据处理方法与谱图解析的基本方法,认识原油或岩石抽提物中烃类化合物的气相色谱图谱的基本特征及常见化合物的识别。

二、实验原理

色谱法实际上利用的是物质在不同的两相中具有不同的分配系数。当两相作相对运动时,这些物质在两相中的分配反复进行多次,使得那些分配系数只有微小差异的组分能产生很大的分离效果,达到分离不同组分的目的。

样品经气化后,被载气带入色谱柱,由于样品中的不同组分在色谱柱中的气相和固定液的液相间的分配系数不同,当两相间相对运动时,这些物质也随流动相一起运动,并在两相间进行反复多次的分配(即表现为吸附与脱附、溶解与解吸过程)。由于固定液对各组分的吸附或溶解力不同(即保留时间不同),即各组分在固定相和流动相之间不断地反复进行分配。由于不同的组分在两相中的分配系数有差异,虽然载气流速相同,各组分在色谱柱中的运行速度却不同,经过一定时间的流动后,便彼此分离,按顺序离开色谱柱进入检测器,产生的信号经放大后,在记录器上描绘出各组分的色谱峰。根据出峰位置和保留时间,确定组分的名称,根据峰面积确定浓度大小。这就是气相色谱仪的工作原理。

常用的气相色谱仪基本设备可分为气源系统、进样系统、色谱柱系统、检测器系统、记录器系统、温控系统,如图 9-1 所示。

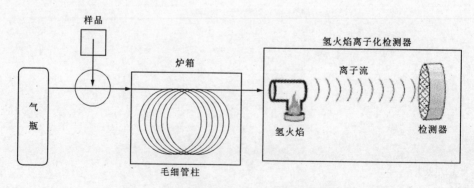

图 9-1　气相色谱仪基本设备简单示意图

气源系统:气源分载气和辅助气两种,载气是携带分析试样通过色谱柱,提供试样在柱内运行的动力,辅助气是供检测器燃烧或吹扫用。

进样系统:进样系统的作用是接受样品,使之瞬间气化,将样品转移至色谱柱中。

色谱柱柱系统:试样在柱内运行的同时得到所需要的分离。色谱柱一般有填充柱和毛细柱两种。毛细柱一般为内径 0.05~0.53mm,长 10~50m 的熔融二氧化硅制成的色谱柱,其内壁均匀涂布了各种不同极性的固定相,一般用圆形框架绕成圈状,以放入 GC 柱箱中。

检测系统:对柱后已被分离的组分进行检测,检测器的作用是指示与测量载气流中已分离的各种组分,即检测器是测定流动相中的组分的敏感器。

数据采集及处理系统:采集并处理检测系统输入的信号,给出最后试样的定性和定量结果。

温控系统:控制并显示进样系统、柱箱、检测器及辅助部分的温度。

三、仪器和试剂

1. 仪器

Agilent 7890 A 气相色谱仪(图 9-2)、毛细柱进样口、FID 检测器、HP-5 毛细柱[30m× 0.25mm×0.25μm,甲基聚硅氧烷(5％苯基二甲基聚硅氧烷)]。

图 9-2 Agilent 7890 A 气相色谱仪

2. 气体准备

FID 用的是高纯 H_2(99.999％)、干燥无油压缩空气,载气是高纯 N_2(99.999％)或高纯 He(99.999％)。

3. 试剂

Hexane(正己烷)。

4. 样品

原油或烃源岩抽提物在硅胶柱上分别用正己烷(Hexane)和二氯甲烷(DCM)与正己烷混合液(体积比 2∶1)分别将饱和烃和芳香烃淋洗出来,然后用氮气吹扫浓缩转移到色谱进样瓶备用。

四、实验步骤

1. 启动气相色谱仪

(1)检查气源压力。

(2)打开载气和检测器气源并打开本地关闭阀。

(3)打开计算机。

(4)打开 GC 电源,等待显示开机正常。

(5)双击桌面的[仪器 1 联机]图标。

(6)调用分析方法。

(7)获取数据前必须等待检测器稳定。检测器达到稳定条件所需的时间取决于检测器是否关闭以及其是否降温(检测器仍然接通电源)。FID 检测器从降温所需的稳定时间大约为 2h,从关闭起所需的稳定时间大约为 4h。

2. 分析方法参数设定

如何利用工作站的菜单进入 GC 配置、数据采集方法编辑和数据分析方法编辑,请参考操作手册。表 9 - 1 给出分析原油和烃源岩抽提物中的饱和烃和芳烃一些常用的参数设定范围。

表 9 - 1 饱和烃和芳烃常用的色谱操作条件

	项目	饱和烃	芳烃
流量设定	柱内载气流速,cm/s（氮气或氢气）	15~25	15~25
	氢气:流量,ml/min	30~50	30~50
	空气:流量,ml/min	300~500	300~500
气调节	尾吹气:氮气或氢气,ml/min	30	30
	分流比	20:1~50:1	20:1~50:1
温度设置	气化室,℃	310	310
	检测室,℃	320	320
	色谱柱	始温 60~120℃ 程序升温速率 5~8℃/min 终温 310℃ 恒温至无峰显示	始温 60~120℃ 程序升温速率 5~8℃/min 终温 310℃ 恒温至无峰显示
进样方式	分流	0.2~2.0μl	0.2~2.0μl
	无分流:先关分流阀,60s 后打开分流阀	1.0~5.0μl	1.0~5.0μl

3. 手动进样和自动进样

(1)手动进样步骤:①将注射器针头浸入样品,推拉注射器推杆,将针管和针头中的空气排空;②将样品吸入注射器(1~2μl);③将针头从样品中取出,在注射器中吸入约 1μl 的空气;④将针头径直导入隔垫螺母,刺破隔垫,然后将针头完全插入进样口,直至底部;⑤按 GC 键盘上的[Start]启动运行,尽可能快地推注射器推杆并将针头抽出进样口。

(2)自动进样步骤:使用自动进样器,前期准备工作包括选择安装合适的转盘,安装注射器,配置溶剂/废液瓶(饱和烷烃和芳烃常用的清洗溶剂为正己烷)。具体操作和注意事项请参考操作手册。

- 在转盘中装上样品瓶(图 9-3)。

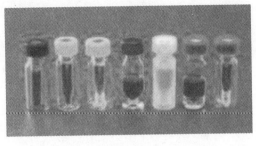

- 编辑保存自动进样序列,主要包括样品序列号、样品信息、样品数据采集方法、备注。

- 运行分析前,检查确保样品瓶和进样器准备就绪。常规检查的有:

  √样品瓶至少装满半瓶,如果样品浓度很低,可以将样品装入容积为 100μl 的玻璃衬管,再将玻璃衬管放入样品瓶中。

图 9-3 各种用途的自动进样样品瓶

  √样品瓶瓶盖位于中央,没有褶皱,且隔垫平整。

  √样品瓶位置与运行参数相匹配。

  √每个溶剂瓶包含足够的新鲜溶剂。

  √废液瓶是空的。

  √注射器设计和规格正确。

  √注射器的推杆是灵活的。

  √推杆在推杆移动环上是牢固的。

  √针头与隔垫固定螺母是对齐的。

- 运行序列。

4. 关机

(1)关闭 GC 不到一周:①等待当前运行结束;②如果修改过有效方法,请保存更改;③关闭载气之外所有气体的气源(打开载气可保护色谱柱不受大气污染);④将检测器、进样口和色谱柱的温度降低到 150~200℃之间。如果需要,可以关闭检测器。

(2)关闭 GC 一周以上:①实验结束后,调出一个提前编好的关机方法,此方法内容包括同时关闭 FID 检测器,降温各热源(柱温、进样口温度、检测器温度),关闭 FID 气体(H_2,空气),将此方法下传至 Agilent 7890 A;②待各处温度降下来后(低于 50℃),退出化学工作站,退出 Windows 所有的应用程序;③用 Shut down 关闭 PC,关闭打印机电源;④关 Agilent 7890 A 电源,最后关载气。

五、谱图解析

1. 气相色谱的主要参数

正常的色谱峰曲线常呈高斯正态分布,其参数常常有基线、峰宽、峰高、半峰高、峰面积,详见图 9-4 和表 9-2。

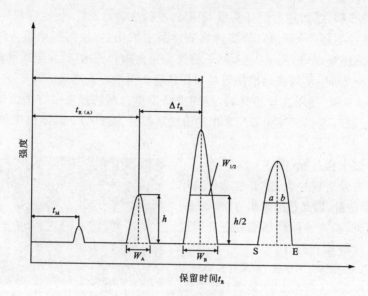

图 9-4 气相色谱图的主要参数

表 9-2 气相色谱图的主要参数及定义

序号	术语	符号	定义
1	色谱图		色谱分析中检测器响应信号随时间的变化曲线
2	色谱峰		色谱柱流出物通过检测器时所产生的响应信号的变化曲线
3	基线		在正常操作条件下仅有载气通过检测器时所产生的信号曲线
4	峰底		连接峰起点与终点之间的直线
5	峰高	h	从峰最大值到峰底的距离
6	峰(底)宽	W	在峰两侧拐点处所作切线与峰底相交两点间的距离
7	半峰宽	$W_{1/2}$	在峰高的中点平行于峰底的直线,此直线与峰两侧相交点之间的距离
8	峰面积	A	峰与峰底之间的面积
9	基线漂移		基线随时间的缓慢变化
10	基线噪声		由于各种因素引起的基线波动
11	拖尾峰		后沿较前沿平缓的不对称峰
12	前伸峰		前沿较后沿平缓的不对称峰
13	假(鬼)峰		并非由样品本身产生的色谱峰

保留值是表示样品中各单体化合物在色谱柱中停留时间的数值,也是研究色谱过程的重要数据。这方面有以下几个参数:

· 死时间(t_M):指从进样到空气峰顶所需的时间。

· 保留时间(t_R):指样品通过色谱柱所需时间。

· 实际保留时间($t_R - t_M$):指样品通过色谱柱被固定相滞留的时间。

· 保留指数:由于保留时间受仪器、色谱分析条件等多种因素影响,不同实验室即便同一实验室也会产生同一化合物对应不同保留时间,因此引入保留指数这个参数。在色谱恒温的条件下,这个指数的定义是:将正烷烃碳数乘以 100 作为这些正烷烃的保留指数,用被检测的某化合物前后相邻的正烷烃的保留指数作参照,用对应的实际保留时间作内插值计算即得某化合物的保留指数。

2. 定性分析

(1)饱和烃。饱和烃组分采用色谱标样并根据姥鲛烷(Pr)、植烷(Ph)特征峰及正构烷烃连续分布的特点,或采用色谱-质谱方法对饱和烃组分进行定性。典型的饱和烃气相色谱图范例见图 9-5。

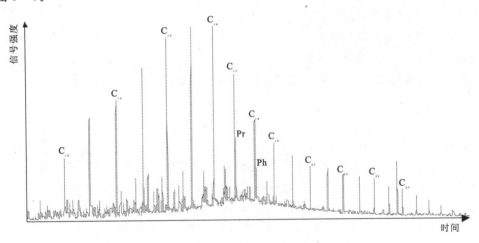

图 9-5　典型的饱和烷烃色谱图范例

(2)芳烃。芳烃萘、菲系列化合物采用色谱标样并结合保留指数,或采用色谱-质谱方法对芳烃组分进行定性。典型的芳烃色谱图范例见图 9-6。

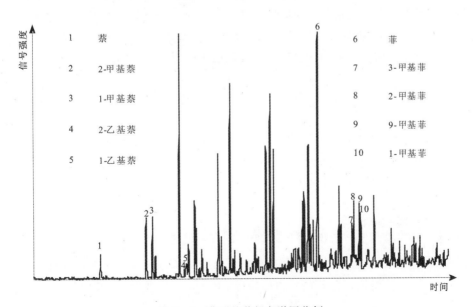

1	萘	6	菲
2	2-甲基萘	7	3-甲基菲
3	1-甲基萘	8	2-甲基菲
4	2-乙基萘	9	9-甲基菲
5	1-乙基萘	10	1-甲基菲

图 9-6　典型的芳烃色谱图范例

3. 定量分析

(1)饱和烃。

· 相对定量:归一化方法计算各烷烃组分的百分含量。

原油或烃源岩中的饱和烃中的正构烷烃、姥鲛烷、植烷以峰面积归一化的方法计算各组分的质量分数。

$$C_i = \frac{A_i \times f_i}{\sum A_i \times f_i} \times 100\% \qquad (9-1)$$

式中:C_i——某烃组分的质量分数,%;

A_i——某烃组分的峰面积值;

f_i——某烃组分的质量校正因子。

因正构烷烃和姥鲛烷、植烷的质量校正因子接近1,故公式(9-1)可简化为:

$$C_i = \frac{A_i}{\sum A_i} \times 100\% \qquad (9-2)$$

· 绝对定量:外标法和内标法。

外标法:利用峰面积,建立标准曲线,利用线性方程及稀释倍数计算定量结果。适用于对某一特定生标化合物(如藿烷)进行定量分析,其对每次进样的准确度要求较高。

内标法:在样品中添加内标物,通过组分与内标峰的面积比,对组分进行定量。添加内标的方法也有两种:一种是在仪器测试前,在已经抽提配置好的样品溶剂里添加标样;另一种主要针对烃源岩中的有机化合物,即在对样品进行前处理前,就加入标样。这样可以较准确地测得组分的回收率。相对而言,对原油或烃源岩中的饱和烷烃各组分进行准确定量分析,常采用的是内标法。内标法的关键参数是校正因子。由于相同质量的不同化合物在 GC 上得到的峰面积不同,因此,引入校正因子,会因不同实验室以及仪器的不同状态而不同。饱和烷烃常用的内标有 Cholane(胆烷),校正因子通过 GC 分析同等质量的饱和烷烃标样和内标得出。因为饱和烷烃为一系列碳数连续的烃,所以可使用含有多种饱和烷烃的标样。中国地质大学(武汉)国家重点实验室生物地球化学和分子地球生物学分室用的 Suplco 标样为从 C_{16}—C_{44} 的浓度一样的偶数烷烃。通过一系列偶数烷烃的校正因子的回归分析,得到线性回归方程,进而推算出奇数烷烃的校正因子。

$$M_i = M_s \times k_i \times \frac{A_i}{A_s} \qquad (9-3)$$

式中:M_i——某烃组分的质量,m;

M_s——内标的质量,m;

k_i——某烃组分的校正因子;

A_i——某烃组分的峰面积;

A_s——标样的峰面积。

(2)芳烃。

· 相对定量:芳烃中萘、菲系列化合物的各组分均以峰高进行定量。

· 绝对定量:方法类似于饱和烃。内标换成 Chrysene(氘代䓛)或其他芳烃化合物。

实验十 气相色谱-质谱分析及其谱图解析

一、实验目的

通过实验,让学生了解气相色谱质谱联用仪(GC-MS)的基本原理、样品分析流程、数据处理方法与谱图解析的基本方法,认识原油或岩石抽提物中烃类化合物的总离子流图、质量色谱图和质谱图的基本特征及常见化合物的识别。

二、实验原理

质谱仪对于鉴定化合物单体是十分有效的。将其与色谱仪连接在一起(GC-MS)发挥两个仪器的特长,是目前应用非常广泛的有机化学分析手段。气象色谱的特点是分离能力强、灵敏度高、定量准、设备操作简便,但对于复杂混合物分析缺少标样就难以定性。质谱的特点是鉴别能力强、灵敏度高、适于作单一组分的定性分析,但对多组分的复杂混合物难以胜任。显然,将色谱与质谱连用,可以取长补短。色谱仪作为分离器,将复杂的混合物分离为单组分;质谱仪作为鉴定器,对逐一输入的单组分进行定性分析。常用的质谱仪有磁偏转质谱仪、四极杆质谱仪和飞行时间质谱仪。

色谱仪的原理在实验九有详细介绍,质谱仪主要由进样系统、电离系统、质量分析系统、离子接收与放大及数据处理系统、真空系统5部分组成(图10-1)。进样系统是在不降低真空度的情况下,将样品引入离子源。常用的进样系统有气相色谱(GC)、液相色谱(LC)和毛细管电泳(CE)。电离系统主要是离子源,通过离子源使样品分子转化为离子。常用的离子源为电子电离源,还有化学电离源、场致电离源、快原子轰击源等。质量分析系统的主要部分为质量分析器,其将离子源产生的离子按质荷比 m/z 进行分离。常用的质量分析器类型有磁偏转、四极杆、离子阱和飞行时间质量分析器。离子接收与放大及数据处理系统主要构成为离子检测器,其接收由质量分析器分离的离子,进行离子计数并转换成电压信号放大输出,输出的信号经计算机进行处理,得到质谱图。真空系统是为了维持质谱仪的高灵敏度对真空的高要求。这里就应用广泛的四极杆质谱仪的原理说明如下。

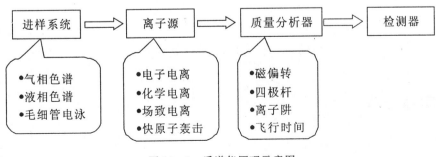

图 10-1 质谱仪原理示意图

四极杆(图10-2)是四极杆质谱仪的核心,全称是四极杆质量分析器——Quadrupole Mass Filter/Analyzer(QMF、QMA)。它是由4根精密加工的电极杆以及分别施加于X、Y方向的两组高压高频射频组成的电场分析器。4根电极可以是双曲面也可以是圆柱形的电极;高压高频信号提供了离子在分析器中运动的辅助能量,这一能量是选择性的——只有符合一定数学条件的离子才能够不被无限制的加速,从而安全通过四极杆分析器。

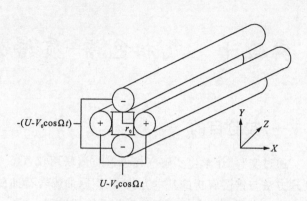

图10-2　简单的四极杆结构示意图

四极杆分析器内部的电势呈马鞍面,沿着X和Y轴对称。离子在四极场中的运动可以用马修方程很好地描述。马修方程的解和稳定区能诠释四极杆的稳定区和离子选择性。离子需要在X和Y方向都稳定才能通过四极杆。(0.706,0.237)是四极杆的工作点。通过这一工作点,在技术上调整直流电压(U)和交流电压(V),让单一的质荷比(m/z)离子通过四极杆(图10-3)。

三、仪器和试剂

1. 仪器

Agilent 7890A气相色谱仪、Agilent 5975质谱仪、HP-5毛细柱(30m×0.25mm×0.25μm)、甲基聚硅氧烷(5%苯基二甲基聚硅氧烷)。

2. 试剂

Hexane(正己烷)。

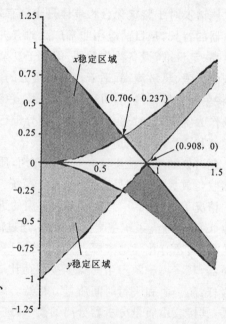

图10-3　四极杆的稳定区示意图

3. 样品

原油或烃源岩抽提物在硅胶柱上分别用正己烷(Hexane)和二氯甲烷(DCM)与正己烷混合液(体积比2∶1)分别将饱和烃和芳香烃淋洗出来,然后用氮气吹扫浓缩转移到色谱进样瓶备用。

四、实验步骤

1. 启动GC-MS并调谐

· 检查质谱放空阀门是否关闭;毛细管柱是否接好。

- 检查载气 He 压力,打开 He 钢瓶,调节输出压力位 0.5 MPa。
- 依次启动计算机、色谱仪、质谱仪的电源,等待仪器自检完毕。
- 双击桌面上"Instrument ♯1"图标,进入 MSD 化学工作站。
- 左键单击 Instrument Control 界面下 View,在下拉菜单中选择 Tune and Vacuum Control,进入调谐与真空控制界面,在 Vacuum 菜单中选择 Vacuum Status,观察真空泵运行状态,以确定仪器是否漏气。
- 调谐应在仪器开机至少 2h 后进行。在 View 下拉菜单中选择 Tune and Vacuum Control,进入调谐与真空控制界面。单击 Tune,选择 Autotune 或 Tune MSD,进行自动调谐,调谐结果自动打印。仪器自动调节需 3~5min,调谐文件自动保存覆盖相应文件。然后点击 View,选择 Instrument Control 返回仪器控制界面。

上述是标准的分析数据前开机调谐步骤。在实验室中,一般仪器不会关机,短时间没有样品分析时,仪器会处于待机状态。一般会在每天早上或是分析一批样品前,仅对仪器进行调谐,通过调谐结果报告,来判断仪器是否漏气或 MSD 的真空状态是否良好。

2. 编辑数据采集方法

- 在 Method 的下拉菜单中选择 Edit Entire Method 进入方法编辑界面。
- 选中除 Data Analysis 外的两项,点击 OK,然后在出现的界面中,编辑关于该方法的注释。点击 OK,进入进样口和进样参数设定界面。
- 进样器选择。在进样口和进样参数设定界面,编辑 GC 的进样口和 MSD 的进样方式。MSD 的进样方式默认为 GC,GC 的进样口在 Select Injection 选择手动或自动进样 GC ALS。点击 OK,进入 GC 的参数设定界面。
- GC 参数的设定。GC 需要设定的项有柱模式、进样器参数(主要用于自动进样)、阀参数、分流不分流进样口参数、柱温箱温度参数、AUX 参数、时间表设定、信号参数等。GC 各参数的设定都有相对应的图标,具体操作请参考操作手册。参数范围可参考实验九。
- MS 参数的设定方法,请参考操作手册。这里要说明的是:在 MS SIM/Scan Paremeters 界面,Acq. Mode 栏的 SIM 只用于扫描特征离子峰,主要用来对特定的化合物进行定量分析。Scan 是全扫描,也是常用的离子扫描方式。Solvent Delay(溶剂延迟时间)和 Scan Paremeters 里的 Scanning Mass Range 质量数扫描范围比较重要。Solvent Delay 时间根据色谱柱的型号和溶剂而定,常定为 3~5min。原油烃源岩有机质的质量数扫描范围一般定为 50~550。

3. 采集数据

从 Method 菜单下点击 Run Method 来运行一个编辑好保存的方法。若仪器配有自动进样器,将自动完成数据的采集。若为手动进样则依 GC 面板上先按 PreRun 键,待仪器准备好后进样的同时按 GC 面板上的 Start 键,以完成数据的采集。采集数据时需要注意的是,当工作站询问是否取消溶剂延迟(Overriding solvent delay)时,点击 No 或不选择。

4. 手动进样和自动进样方式

手动进样时的操作步骤和自动进样的准备以及自动进样序列的编辑,请参考实验九。

5. 关机

- 左键单击 Instrument Control 界面下 View,在下拉菜单中选择 Tune and Vacuum Control,进入调谐与真空控制界面。选择 Vent,在跳出的画面中点击 OK 进入放空程序。
- MSD 的接口温度由 7890 控制,需手动降温,或在放空前用一个预先编好的 GC 关机程序,避免烫伤。
- 如果是涡轮泵系统,需要等到涡轮泵转速降至 0 左右,同时离子源和四极杆温度降至 100℃以下,大概 40min 后退出工作站软件,并依次关闭 GC、MSD 电源,最后关掉载气。

五、谱图分析

样品经由 GC - MS 分析处理可得到用于定性和定量分析的总离子谱图和质量色谱图。数据分析在由仪器配备的 Data Analysis 软件里进行。

1. 总离子流图(TIC)

总离子流图是色谱流出物的总离子流测定的色谱图,基本与气相色谱仪一致,又称为重建离子流色谱图(图 10 - 4)。在 GC - MS 分析过程中,随着时间的增加,载气携带着被毛细柱分离的各组分依次进入离子源,并被电离成具不同荷质比的各种类型的离子。同时,质谱仪的分析器则按设定的扫描速度和范围不断地进行重复扫描。若设速度为 2s/次,m/z 范围为 50～550,即每隔 2s,分析器允许依次通过 m/z 为 50～550 的离子一遍。计算机的数据系统把每次扫描所采集到的离子强度及与之对应的时间存储在磁盘上。通过计算机计算把每次扫描所采集到的离子流强度叠加起来并扣除本底,即得总离子流强度和扫描次数(即时间)的对应关系。若以横坐标为时间,以纵坐标为离子流强度作图,即得样品的总离子流图。总离子流图可用来与在 FID 上获得的色谱图进行比较,其接近程度足以进行直接对比。

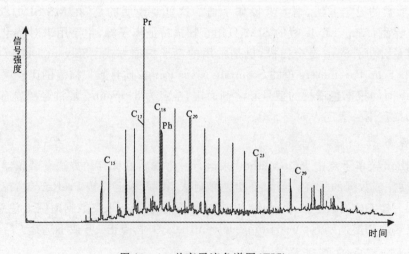

图 10 - 4　总离子流色谱图(TIC)

2. 质量色谱图（Mass Chromatogram）

质量色谱图只反映某一质量离子的存在与大小。利用质量色谱图,根据某些化合物的特征离子,可以初步判断某些化合物的存在与分布,同时可以区分某些在色谱中无法分离的化合物。它首先可用来检测具有相同特征离子或分子离子的某一类化合物或同系物,如藿烷、甾烷类分别有共同的 m/z 为191和217的特征离子,其次可用来分离混合峰,有相似或相同的保留时间但具不同 m/z 的特征离子或分子离子的化合物叠合在一个色谱峰内,可用不同 m/z 的质量色谱图将它们分离。因而可利用分子离子峰或特征离子峰的质量色谱图的峰高或峰面积计算各种地球化学指标。

3. 质谱图

质谱图是化合物的质谱数据经过计算机处理后形成的棒状图(即每个离子峰为一条线),表现为反映质荷比(m/z)由小到大排列及其强度的直接坐标图。其归一化有两种表示法:一为所有离子流强度之和为100%;二是以基峰离子(即离子流强度最强的峰)为100,其他离子按比例计算。质谱图是鉴定化合物组成和结构最基本、最重要的资料。几个重要的质谱离子峰有分子离子峰、基峰、碎片离子峰。

(1)分子离子峰。分子受到电子轰击失去一个电子而形成的正离子为分子离子或母体离子,以 M^+ 表示(如图10-5中 $m/z=398$ 的离子峰)。它一般位于质荷比最高的位置,其质荷比也一般为该化合物的相对分子量。分子离子峰的强度与化合物的结构有关。如果分子结构较稳定,则分子离子峰强度相对较大,如萘、菲。相反,一些易裂解的化合物质谱中分子离子峰很弱,碎片离子峰强度大,如饱和烷烃。

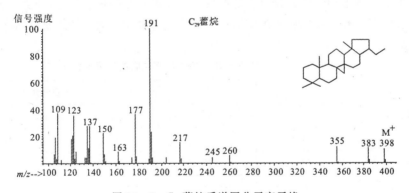

图 10-5　C_{29} 藿烷质谱图分子离子峰

(2)基峰。峰值最高,对应离子浓度最大的峰为基峰(如图10-5中 $m/z=191$ 的质谱峰)。将该峰值定为100,其他离子的峰与基峰相比所得的百分数叫做相对丰度。

(3)碎片离子峰。各类化合物的分子离子裂解成不同的碎片,具有一定的规律性,它取决于化合物的结合键的强度等。化合物分子具有其特征碎片峰,不会有两种分子在受电子轰击时会以完全相同的方式形成碎片。因此质谱可以成为化合物结构鉴定的指纹,如图10-5中 $m/z=191,177$ 为 C_{29} 藿烷的特征碎片离子。

4. 谱图检索

Library Search 常作为非专业质谱解析的手段。气象色谱质谱工作站常配备的质谱数据库为 NIST 数据库。NIST 数据库的基本功能有如下。

(1)质谱数据查询:化合物识别码(ID)、化学文摘登记号(CAS)、化合物名称、分子式、分子量、特征离子等信息,查阅或打印所需要的质谱图。

(2)质谱图比较:将未知化合物谱图和谱库中标准谱图逐一进行比较,然后按相似系数由高到低顺序排列(概率匹配,Probability - Based Matching,PBM)。任意指定两张谱图进行比较,找出它们的差别。

(3)谱图分析:计算分子量、分析碎片离子、研究断裂方式等。

(4)色谱峰纯度,解叠共流出组分(Automached Mass Spectrometry Deconvolution and Identification System,AMDIS)。

谱图检索应注意相似系数的使用。相似系数大于 90% 比较可靠,小于 60% 可靠性较差。另外,并非匹配率较高的化合物就一定是待鉴定化合物,异构体、同系物和结构比较相似的化合物谱图也比较相似,所以匹配率相近,如规则甾烷的异构体。当色谱分离不好,得到的不是单一组分的质谱图,而是共流出的混合物谱图,或谱图处理选择不当,都会影响谱图库检索的准确性。

软件 Nist Search (NIST MS Search 2.0)检索提供谱库检索、图谱解析、同位素计算等多种功能,对质谱检索及解析很有帮助,是非常好的质谱工具。

5. 饱和烃常见的生物标志物的质量色谱图、质谱图

表 10-1 列出了饱和烃中部分常见的生物标志物的特征碎片离子峰、分子离子峰及基峰。后面给出了表中一些化合物的质量色谱图和同系列化合物中具代表性的质谱图。

表 10-1　饱和烃中部分常见的生物标志物的质谱峰特征

化合物类别	基峰 m/z	特征碎片离子峰 m/z	分子离子峰 m/z
正构烷烃	57	$57+14i$	$14i+2$(通常 $i>9$)
烷基环己烷	82,83,97		$140+14i$
藿烷系列	191	149,163,177,369	$370+14i$
奥利烷	191	397,95,109,123	412
羽扇烷	191	123,137,369,397	412
伽马蜡烷	191	95,109,123,无 369	412
蕨烷	69	83,123,191,259,327,397	412
$\alpha\alpha\alpha$ 规则甾烷	217	149,232,M^+-15	$372+14i$
$\alpha\beta\beta$ 规则甾烷	218	217,109,259,M^+-14	$372+14i$
重排甾烷	217	189,259	$372+14i$
4-甲基甾烷	231	163,165,232,M^+-15	$386+14i$
C_{21} 孕甾烷	217	149,232,273	288

　　(1)正构烷烃、姥鲛烷(Pr)、植烷(Ph)。

　　关于正构烷烃、姥鲛烷(Pr)、植烷(Ph)的质量色谱图,见图 10-6。图 10-7 给出 C_{17} 正构烷烃的质谱图,其分子离子峰为 240,基峰为 $m/z=57$。图 10-8 给出姥鲛烷(Pr)的质谱图,其分子离子峰为 268,基峰为 $m/z=57$。

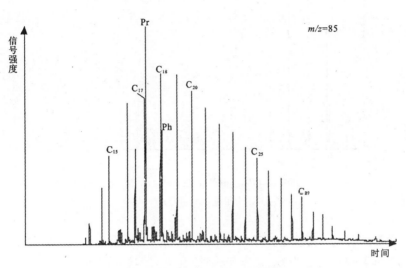

图 10-6　$m/z=85$ 的质量色谱图

(相比图 10-4,色谱图的基线更加平整,色谱峰主要为正构烷烃化合物)

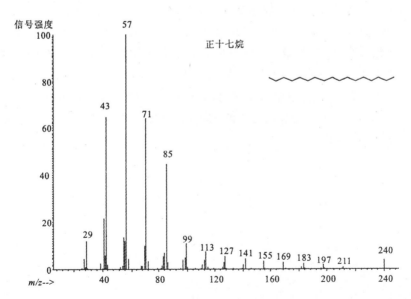

图 10-7　C_{17} 正构烷烃(Heptadecane)

($C_{17}H_{36}$,分子量 240,基峰 $m/z=57$)

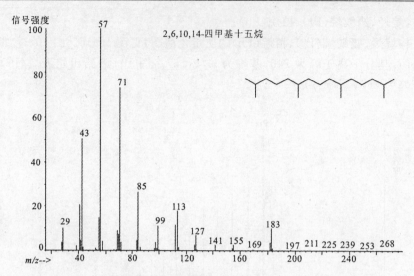

图 10 - 8　姥鲛烷（Pentadecane，2，6，10，14 - tetramethyl）

（$C_{19}H_{40}$，分子量 268，基峰 $m/z=57$）

　　（2）五环三萜藿烷类。藿烷是五环三萜中最重要的一类，由 4 个六元环和 1 个五元环构成（图 10 - 9）。正常藿烷的碳数为 C_{30}，Ts、Tm、C_{29} 为 C_{30} 藿烷的降藿烷系列，C_{31}、C_{32}、C_{33}、C_{34}、C_{35} 为 C_{30} 藿烷的升藿烷系列。藿烷类的分子结构的立体异构主要在环上 C - 17 位氢原子、C - 21 位氢原子 α 或 β 型，支链上 C - 22 位手征性碳原子 S 或 R 型。Tm 为 17α(H) - 22,29,30 三降藿烷，Ts 为 18α(H) - 22,29,30 三降藿烷。Ts 是 Tm 上的 C - 28 发生重排，从 C - 18 位到 C - 17 位。因为重排常伴随着热解催化反应，所以 Ts/Tm 可反应成熟度。从立体构型上看，热稳定性 17α(H),21β(H) - 藿烷(αβ) ＞ 17β(H),21α(H) - 藿烷(βα) ＞ 17β(H),21β(H) - 藿烷(ββ)。而热稳定性较高的，在色谱柱中保留时间相对较短。因此，质量色谱图中藿烷(αα) 在藿烷(βα) 之前。如图 10 - 10 中，C_{30} αβH(C_{30} 藿烷 αβ 构型) 在 C_{30} βα(C_{30} 藿烷 βα 构型) 之前。热稳定性 22S ＞ 22R，同理 22S 构型在 22R 之前，如 C_{31} αβ(S) 在 C_{31} αβ(R) 之前。为了表示简便清晰，图 10 - 10 中用 S＋R 表示相邻的 2 个峰，即前面的为 S 构型，后面的为 R 构型。其中 C_{30} 藿烷质谱图如图 10 - 11 所示。

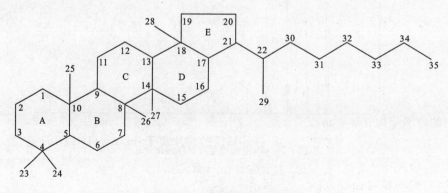

图 10 - 9　藿烷类结构示意图

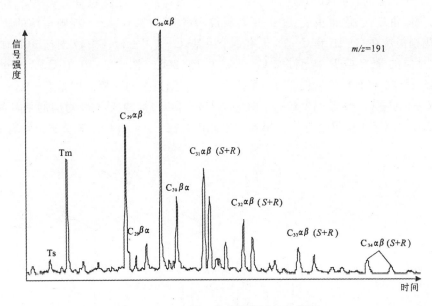

图 10-10 五环三萜藿烷类质量色谱图

($m/z=191$，$C_{29}\beta\alpha$、$C_{30}\beta\alpha$ 也被称为莫烷系列)

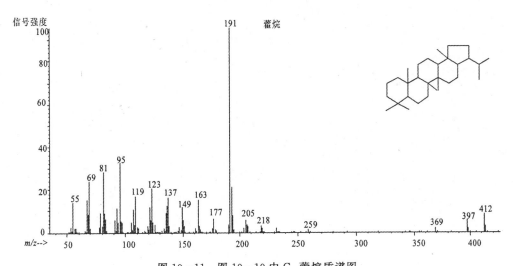

图 10-11 图 10-10 中 C_{30} 藿烷质谱图

($C_{30}H_{52}$，分子量 412，基峰 $m/z=191$，特征离子峰 $m/z=191$)

(3)甾烷。常见的甾烷类化合物结构见图 10-12，甾烷类质量色谱图见图 10-13。甾烷类化合物的分子结构立体异构在 C-5 位氢原子，C-14 位氢原子，C-17 位氢原子，C-20 位甾烷在电子轰击质谱分析时能产生 4 对极具特征的碎片离子：$m/z=149$ 或 151 是由 AB 环碎片产生的，它们的相对强度可以反映 C-5 位氢原子的构型。$m/z=217$ 或 218 是由 ABC 环碎片产生的，它们的相对强度可以反映 C-14 位氢原子的构型。$m/z=257$ 或 259 是由 ABCD 环碎片产生的，它们的相对强度可以反映 C-17 位氢原子的构型；C 和 D 环加侧链产生另一个碎片，其质量取决于侧链的长度($m/z=261+X$，$X=H$，CH_3，C_2H_5)。如 C-14 位构型，当

$m/z=217$ 大于 218 时,为 14α(H)构型,反之为 14β(H)构型。在沉积有机质中,甾烷有 3 种基本结构:①规则甾烷;②重排甾烷;③4-甲基甾烷和甲藻甾烷。C_{27}ααα 规则甾烷的质谱图见图 10-14。规则甾烷在 C-10 和 C-13 上有 1 个甲基,C-5、C-14、C-17 对应 α(H)或 β(H)构型,C-20 对应的是 S 或 R 构型,如 C_{27} ααα-甾烷(20S)(图 10-10 中 C_{27} 20Sααα)全称是 5α(H),14α(H),17α(H)-胆甾烷 20S。重排甾烷与规则甾烷的主要区别是 C-10、C-13 的甲基重排到 C-5、C-14 上,C-13、C-17 对应 α(H)或 β(H)构型,C-20 对应的是 S 或 R 构型。4-甲基甾烷是在 C-4 位置上有 1 个甲基。甲藻甾烷在 C-4 和 C-23 位置上均有取代基。

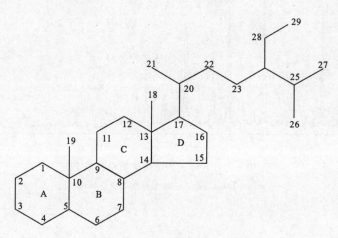

图 10-12   甾烷类结构示意图

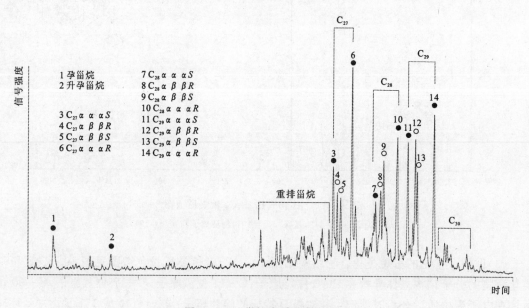

图 10-13   甾烷类质量色谱图

($m/z=217$,主要列出规则甾烷和重排甾烷。

C_{28} 规则甾烷的异构同系物排列顺序和 C_{27}、C_{29} 规则甾烷一样)

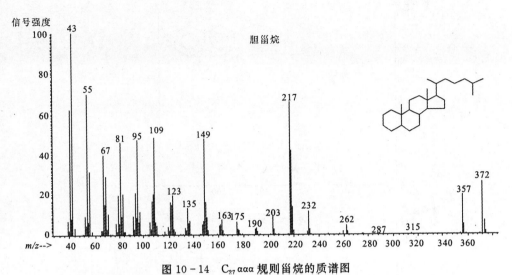

图 10 - 14　$C_{27}\alpha\alpha\alpha$ 规则甾烷的质谱图

（$C_{27}H_{48}$，分子量 372，基峰 $m/z=43$，特征离子峰 $m/z=217$）

(4)芳烃常见的生物标志物的质量色谱图、质谱图。

· 萘及其同系物（图 10 - 15、图 10 - 16）。

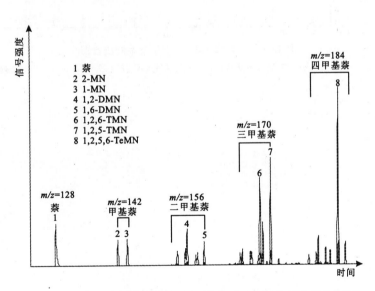

图 10 - 15　萘及其同系物的质量色谱图（MN 为甲基萘的英文缩写）

· 菲及其同系物（图 10 - 17）
· 二苯并噻吩及其同系物（图 10 - 18）
· 荧蒽、芘、䓛、苯并荧蒽、苯并芘（图 10 - 19）

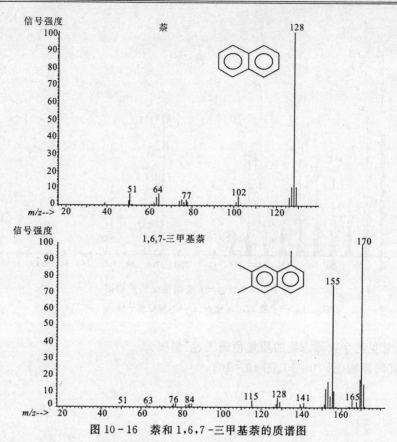

图 10-16　萘和 1,6,7-三甲基萘的质谱图

（萘,$C_{10}H_8$,分子量 128,分子离子峰为基峰;1,6,7-三甲基萘,$C_{13}H_{14}$,分子量 170,分子离子峰为基峰）

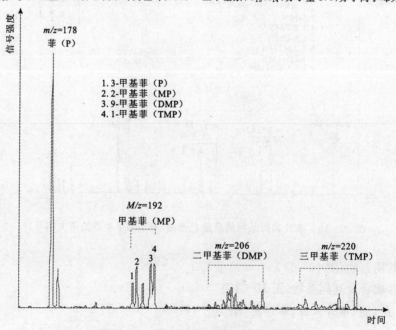

图 10-17　菲及其同系物的质量色谱图

（MP 为甲基菲的英文缩写,菲及其同系物同萘,其分子离子峰为基峰,提取质量色谱图时,
以其分子量为特征碎片离子 m/z 值）

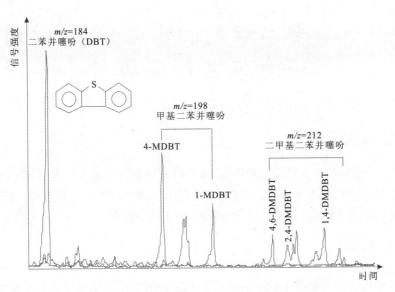

图 10 – 18　二苯并噻吩及其同系物的质量色谱图

（MDBT 为甲基二苯并噻吩的英文缩写；同萘和菲，分子离子峰为基峰，作为提取质量色谱图时的质谱峰）

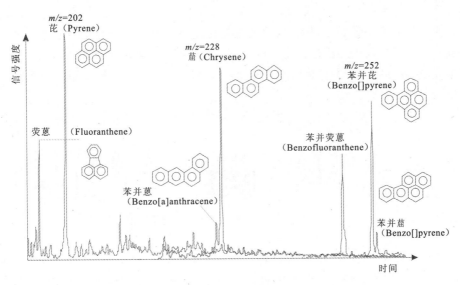

图 10 – 19　荧蒽、芘、䓛、苯并荧蒽、苯并芘的质量色谱图

（苯并荧蒽的质量色谱峰实际为 3 个同分异构体的共流峰）

实验十一　全二维气相色谱-飞行时间质谱分析及其谱图解析

一、实验目的

通过实验,使学生了解全二维气相色谱-飞行时间质谱仪的基本原理、样品分析流程、数据处理方法与谱图解释的基本方法,了解原油或岩石抽提物中烃类化合物的全二维气相色谱-飞行时间质谱图谱的基本特征,熟悉常见化合物全二维图谱识别。

二、仪器原理

全二维气相色谱是把分离机理不同且互相独立的两根色谱柱以串联方式结合成的二维气相色谱,两根色谱柱由调制器连接(图 11-1),调制器起捕集、聚焦、再传送的作用。经第一根色谱柱分离后的每一个色谱峰,都经调制器调制后再以脉冲方式送到第二根色谱柱进一步分离。所谓全二维,意义在于此。通常第一根色谱柱使用非极性的常规高效毛细管色谱柱,采用较慢的程序升温速率(通常 1~5℃/min)。调制器将经第一维柱后流出的组分切割成连续的小切片。为了保持第一维的分辨率,切片的宽度应该不超过第一维色谱峰宽的 1/4。每个切片再经重新聚焦后进入第二根色谱柱分离。第二根色谱柱通常使用对极性或构型有选择性的细内径短柱,组分在第二维的保留时间非常短,一般在 1~10s,因此第二维的分离也可近似当作恒温分离。

图 11-1　全二维气相色谱的原理示意图

化合物组分在第二维的快速分离使得到的色谱峰峰宽很窄,典型的第二维峰底宽为 100~600ms。这样窄的色谱峰需用快速检测器来采集信号构建二维谱图。全二维气相色谱图的生成如图 11-2 所示,分为调制、转换和可视化 3 个步骤。经第一根柱后流出的峰经数次调制后进入第二根色谱柱快速分离,经由检测器检测得到原始数据文件。原始的数据文件根据所用的调制周期和检测器的采集频率进行转换得到二维矩阵数据。在矩阵谱图中,不同调制周期的第二维谱图按周期数并肩排列。可视化是通过颜色、阴影或等高线图的方式将峰在二维平面上呈现出来,有时也用三维图形描述。在三维色谱图中,X 轴表示的是第一维柱的保留时间,Y 轴表示的是第二维柱的保留时间,Z 轴表示的是色谱峰的强度。

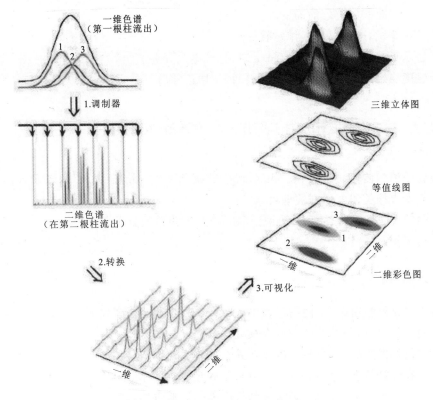

图 11-2　全二维气相色谱图的生成和可视化

三、仪器和试剂

1. 仪器

美国 Leco 公司生产的全二维气相色谱-飞行时间质谱仪（GC×GC－TOFMS），其中 GC×GC 系统由 Agilent 7890 气相色谱仪和双喷口热调制器组成，飞行时间质谱仪为美国 Leco 公司的 Pegasus 4D，系统为 Chroma TOF 软件；Agilent 自动进样器。

2. 试剂

正己烷（重蒸色谱纯）。

3. 样品

原油或岩石抽提物在硅胶柱上用体积比为 2：1 的二氯甲烷和正己烷混合液将烃类组分（含饱和烃与芳香烃）淋洗出来，然后用氮气吹扫浓缩转移到色谱进样瓶备用。

四、操作步骤

1. 开机程序

(1)检查所有电源及信号线是否连接好。

(2)检查分子泵上的放空旋钮是否拧紧。

(3)打开飞行时间质谱仪后面的主电源开关。

(4)打开飞行时间质谱仪前面的真空泵开关。

(5)打开计算机,进入仪器工作站软件。

(6)当显示真空值小于 3×10^{-7} Torr 时,打开电气开关。

(7)待温度稳定后,进行仪器优化和检漏,一切正常后可进样。

2.日常操作

方法建立、序列建立,运行方法、运行序列,采集数据,数据处理。

3.关机程序

(1)降离子源和传输线温度:在"diagnostics"菜单的"Temperature"重新设置离子源和传输线温度,或者直接关闭电气开关即可。

(2)必须等离子源和传输管温度小于110℃时,才能关闭分子泵开关。

(3)退出工作站,待机。

五、注意事项

(1)由于该仪器精密昂贵,使用过程中,要听从安排,不得乱动乱摸。

(2)如遇突然停电,立即报告专业人员处理。

(3)若遇仪器发生故障,及时汇报专业人员处理。

(4)不得在计算机上做其他工作,不得自带软盘上机使用。

(5)大型精密仪器操作复杂,必须仔细阅读操作手册方能上机。

(6)每次操作要认真详细地填写仪器工作日志。

六、谱图解析

全二维色谱-质谱图有三维立体谱图和二维点阵谱图两种显示方式。

1.饱和烃化合物谱图识别(图 11-3~图 11-6)

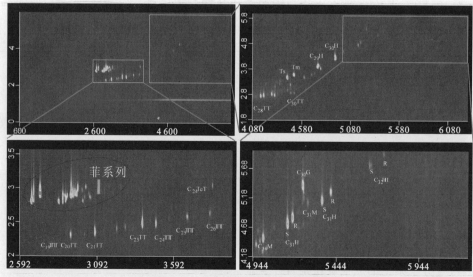

图 11-3 萜烷化合物二维点阵谱图

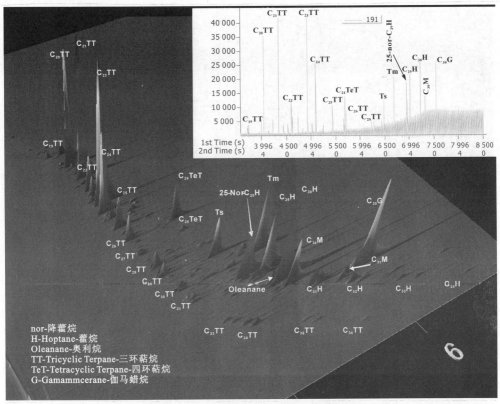

图 11-4　萜烷化合物三维立体谱图

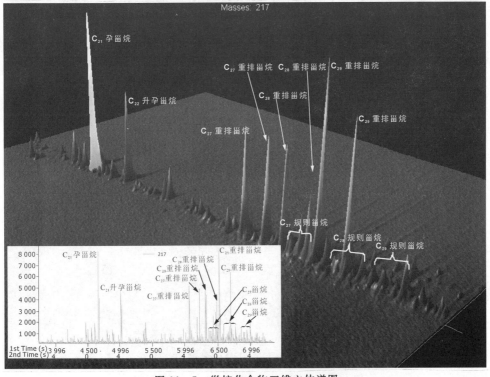

图 11-5　甾烷化合物三维立体谱图

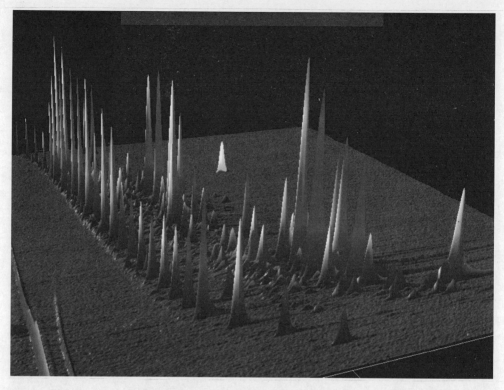

图 11-6　饱和烃化合物总离子流三维立体谱图

2.芳烃化合物谱图识别(图 11-7~图 11-14)

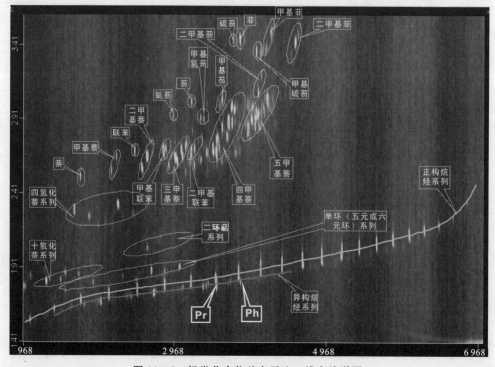

图 11-7　烃类化合物总离子流二维点阵谱图

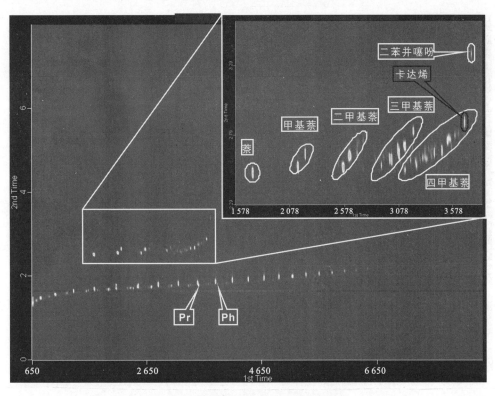

图 11-8　芳烃中萘系列二维点阵谱图

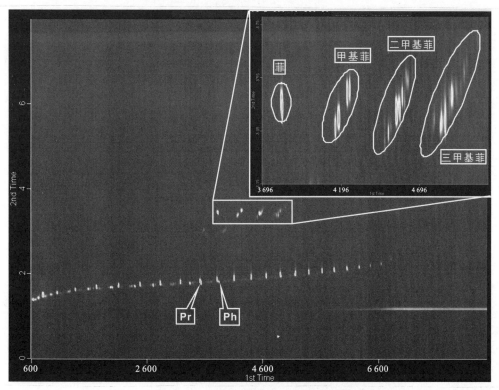

图 11-9　芳烃中菲系列二维点阵谱图

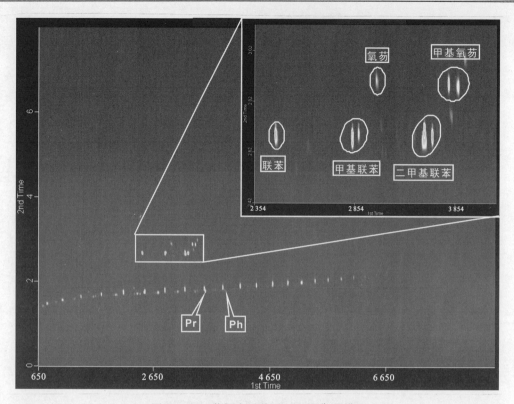

图 11 - 10　芳烃中联苯系列二维点阵谱图

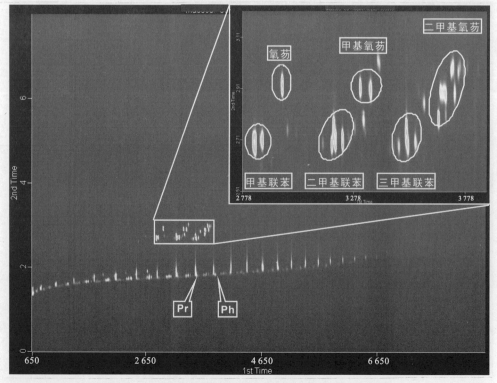

图 11 - 11　芳烃中氧芴(二苯并呋喃)系列二维点阵谱图

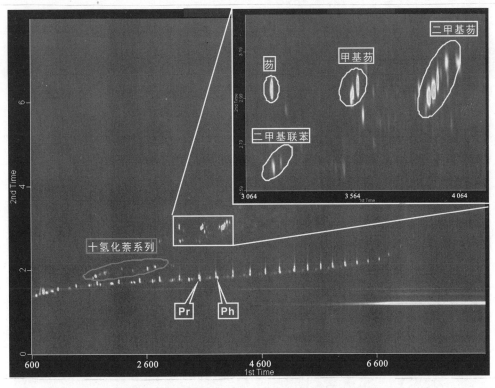

图 11-12　芳烃中芴(二苯并芴)系列二维点阵谱图

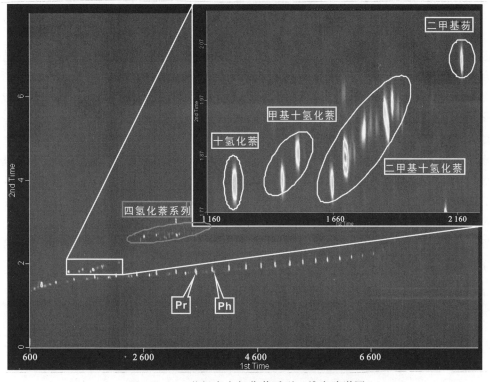

图 11-13　芳烃中十氢化萘系列二维点阵谱图

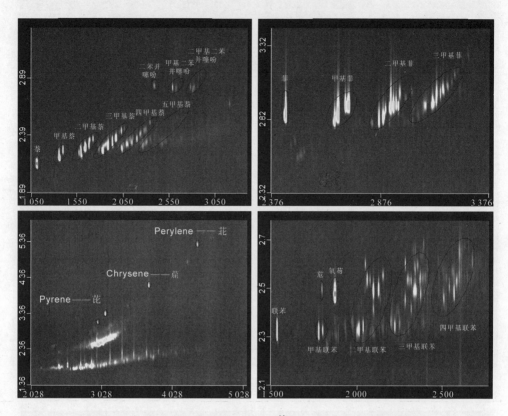

图 11-14 芳烃中硫芴系列和芘、荴、䓛、菲等化合物二维点阵谱图

饱和烃化合物用 m/z 85 碎片提取正构烷烃,用 m/z 191 碎片和 m/z 217 碎片分别提取萜烷化合物和甾烷化合物,用 m/z 123 碎片提取锥满烷和升锥满烷,用 m/z 125 碎片提取 β-胡萝卜烷等,用 m/z 138、152、166、180 等碎片提取十氢化萘和甲基、二甲基、三甲基十氢化萘等,用 m/z 136、135、149、163、177 等碎片提取单金刚烷、甲基金刚烷、二甲基金刚烷、三甲基金刚烷等,用 m/z 188、187、201、215 等碎片提取双金刚烷系列。

芳烃化合物用 m/z 128、142、156、170、184、198 等碎片分别提取萘、甲基萘、二甲基萘、三甲基萘、四甲基萘和五甲基萘,用 m/z 178、192、206、220 等碎片分别提取菲、甲基菲、二甲基菲和三甲基菲,用 m/z 154、168、182 等碎片提取联苯、甲基联苯、二甲基联苯,用 m/z 166、180、194 等碎片提取芴、甲基芴、二甲基芴,用 m/z 168、182、196 等碎片提取氧芴、甲基氧芴、二甲基氧芴,用 m/z 184、198、212 等碎片提取硫芴、甲基硫芴、二甲基硫芴,用 m/z 202、228 和 252 碎片分别提取芘、荴和菲化合物。

第二部分　油气地球化学应用

第二部分的主要目的是训练学生运用所学知识,对油气地球化学测试资料进行综合分析,以提高解决实际地球化学问题的能力,包括烃源岩评价方法和油源精细对比。该部分含有一定的实测数据,要求每位学生都要上机实习,最后完成一个综合性大作业(实习报告)。

附:油气地球化学实习报告要求

每个班级 6 组数据,每 5 人为一组,其中 3 人合作写一份原油生物标志化合物分析报告,2 人合作写一份烃源岩评价报告。

一、烃源岩地球化学评价

(1)对给定地区的烃源岩地球化学分析资料,从有机质丰度、类型和成熟度 3 个方面作出各种烃源岩评价图件(不少于 5 幅图)。

(2)对所做的图件进行分析,完成辽东湾地区烃源岩地球化学评价报告。

二、原油生物标志化合物分析

(1)对给出的饱和烃 $m/z\,217$、$m/z\,191$ 质量色谱图进行化合物标识。

(2)根据饱和烃色谱图和色质图数据,尽可能计算更多的地球化学参数(必须计算 Pr/Ph、OEP 或 CPI、$C_{29}S/(S+R)$、$C_{29}\beta\beta/(\alpha\alpha+\beta\beta)$、$\alpha\alpha\alpha R-C_{27}/C_{29}$、$C_{24}$ 四环萜/C_{26} 三环萜、Ts/(Ts+Tm)、$C_{32}S/(S+R)$、伽马蜡烷指数、升藿烷指数等参数)。

(3)选择合适的地球化学参数,作出各种相关图,开展原油地球化学对比,划分原油类型,并对各种类型原油的地球化学特征进行推测性描述。完成一份报告。

油气地球化学教学组

2011 - 10 - 25

实习十二 烃源岩评价

一、实习目的

通过本次实习,系统掌握烃源岩常规评价方法,并根据给定的烃源岩数据包,结合特定地区的地质条件,完成该地区的烃源岩评价。

二、实习要求

(1)对给定数据包进行处理,用有机碳含量(TOC,%)、氯仿沥青"A"含量(EOM,%)、总烃含量(HC,%)和生烃潜量(S_1+S_2)等指标按照评价标准分层位、分地区对烃源岩有机质丰度作出合理评价。

(2)对给定数据包进行处理,用干酪根元素分析和显微组分鉴定数据、岩石热解分析数据,按照给定的图版,对烃源岩有机质的类型进行划分。

(3)对给定数据包进行处理,根据镜质体反射率(R_o)数据、可溶有机质成熟度参数,系统阐明特定地区的有机质热演化特征和阶段划分。

三、烃源岩评价实例——以辽东湾地区辽中凹陷为例

辽东湾地区系指渤海东北部海域,南界大致为辽东半岛南端(老铁山)和河北省秦皇岛市连线,面积 $2.6×10^4 km^2$。在构造区划上,该区为渤海湾盆地的一个次级构造单元——下辽河坳陷在海域的延伸部分。区域内可进一步划分为3凹2凸共5个次级构造单元,自西向东分别是辽西凹陷、辽西凸起、辽中凹陷、辽东凸起、辽东凹陷(图12-1)。其中,辽中凹陷是该地区主要富烃区,主要烃源岩层有沙三段、沙一至二段和东下段。根据凹陷结构特征,辽中凹陷分为北洼、中洼和南洼3个次级构造单元(图12-1)。

烃源岩常规评价主要从有机质丰度、类型和成熟度3个方面开展。表12-1和表12-2都是我国学者提出的烃源岩评价标准。

表 12-1 我国陆相泥质烃源岩有机质丰度评价标准(胡见义等,1991)

项目	好生油岩	中等生油岩	差生油岩	非生油岩
沉积岩相	深湖-半深湖相	半深湖-浅湖相	浅湖-滨湖相	河流相
干酪根类型	腐泥型(Ⅰ)	混合型(Ⅱ₁)	混合型(Ⅱ₂)	腐殖型(Ⅲ)
H/C原子比	1.7~1.3	1.3~1.0	1.0~0.5	1.0~0.5
有机碳含量(%)	3.5~1.0	1.0~0.6	0.6~0.4	<0.4
氯仿沥青"A"含量(%)	>0.12	0.12~0.06	0.06~0.01	<0.01
总烃含量(μg/g)	>500	500~250	250~100	<100
产烃潜能(mg/g)	>6.0	6.0~2.0	2.0~0.5	<0.5
总烃/有机碳(mg/g)	>6	6~3	3~1	<1

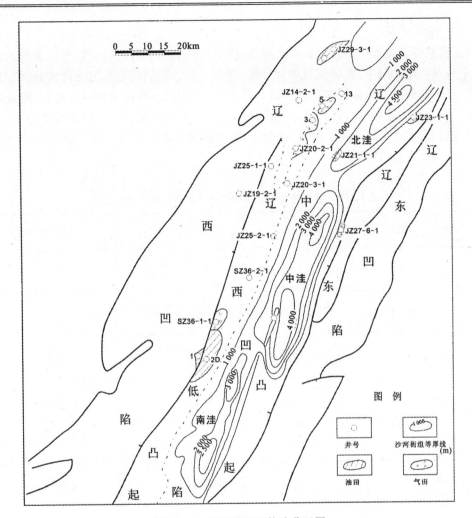

图 12-1 辽东湾地区构造分区图

表 12-2 烃源岩评价标准表(侯读杰,2009)

烃源岩类型及级别		评价指标			
		TOC（%）	S_1+S_2（mg/g）	氯仿沥青"A"（%）	总烃（μg/g）
湖相泥岩	非	<0.50	<0.50	<0.05	<350
	较差	0.5~1.0	0.5~2.0	0.05~0.10	350~530
	中	1.0~2.0	2.0~6.0	0.10~0.20	530~1 050
	好	2.0~3.5	6.0~20	0.20~0.45	1 050~3 500
	很好	>3.5	>20	>0.45	>3 500
煤系泥岩	非	<0.5	<0.5	<0.05	<200
	差	0.5~1.5	0.5~2.0	0.04~0.10	200~500
	中	1.5~3.0	2.0~6.0	0.10~0.20	500~850
	好	3.0~7.5	6.0~20	0.20~0.45	850~1 100
	很好	>7.5	>20	>0.45	>1 100

1. 有机质丰度

根据有机碳含量和生烃潜量关系图判别,辽中凹陷的东下段、沙一段、沙二段和沙三段在北洼、中洼和南洼,好、中、差烃源岩均有分布(图 12 - 2)。它们的平均值统计表明(表 12 - 3),沙一段、沙二段的两个指标均高于沙三段和东下段。平面上,有机碳含量在北洼、中洼和南洼的每个层段分布大致相当,沙一段、沙二段和沙三段的生烃潜量在不同地区差别也不大,但东下段变化较大,南洼最高,中洼最低。总体上,有机碳含量在平面上分布大致相当,而生烃潜量南洼较好,北洼次之(图 12 - 3)。

表 12 - 3　辽东湾地区辽中凹陷烃源岩有机质丰度统计表

地区	层位	TOC(%)	HI(mg/g TOC)	$S_1 + S_2$(mg/g)
北洼	东下段	$\dfrac{0.35\sim3.77^*}{1.46(335)}$	$\dfrac{48.57\sim1\,188.05}{284.05(335)}$	$\dfrac{0.19\sim20.7}{5.07(335)}$
	沙一段、沙二段	$\dfrac{0.39\sim3.56}{1.76(69)}$	$\dfrac{82.25\sim1\,938.15}{429.01(69)}$	$\dfrac{0.52\sim22.21}{8.63(69)}$
	沙三段	$\dfrac{0.33\sim4.48}{1.43(152)}$	$\dfrac{8.33\sim1\,163.15}{288.17(162)}$	$\dfrac{0.34\sim27.36}{6.03(152)}$
	总体	$\dfrac{0.33\sim4.48}{1.49(556)}$	$\dfrac{8.33\sim1\,938.15}{303.23(566)}$	$\dfrac{0.19\sim27.36}{5.78(556)}$
中洼	东下段	$\dfrac{0.41\sim3.36}{1.2(277)}$	$\dfrac{43.00\sim485.27}{196.15(278)}$	$\dfrac{0.39\sim14.21}{2.94(276)}$
	沙一段、沙二段	$\dfrac{0.5\sim4.67}{1.82(49)}$	$\dfrac{53.84\sim713}{399.39(50)}$	$\dfrac{0.86\sim34.54}{8.90(49)}$
	沙三段	$\dfrac{0.44\sim2.87}{1.06(63)}$	$\dfrac{31.00\sim471.17}{297.17(68)}$	$\dfrac{0.43\sim13.42}{3.94(63)}$
	总体	$\dfrac{0.41\sim4.67}{1.26(389)}$	$\dfrac{31.00\sim713}{239.16(396)}$	$\dfrac{0.39\sim34.54}{3.86(388)}$
南洼	东下段	$\dfrac{0.49\sim3.8}{1.54(55)}$	$\dfrac{109.52\sim811.11}{468(59)}$	$\dfrac{0.93\sim33.42}{8.98(53)}$
	沙一段、沙二段	$\dfrac{0.53\sim3.00}{2.02(15)}$	$\dfrac{75.00\sim693.33}{363.18(20)}$	$\dfrac{0.72\sim21.64}{9.90(17)}$
	沙三段	$\dfrac{0.41\sim2.12}{1.26(28)}$	$\dfrac{197.84\sim519.27}{332.79(39)}$	$\dfrac{0.63\sim11.08}{4.27(39)}$
	总体	$\dfrac{0.41\sim3.80}{1.53(98)}$	$\dfrac{75.00\sim811.11}{405.55(118)}$	$\dfrac{0.63\sim33.42}{7.44(109)}$

* 最小值～最大值/平均值(样品数)。

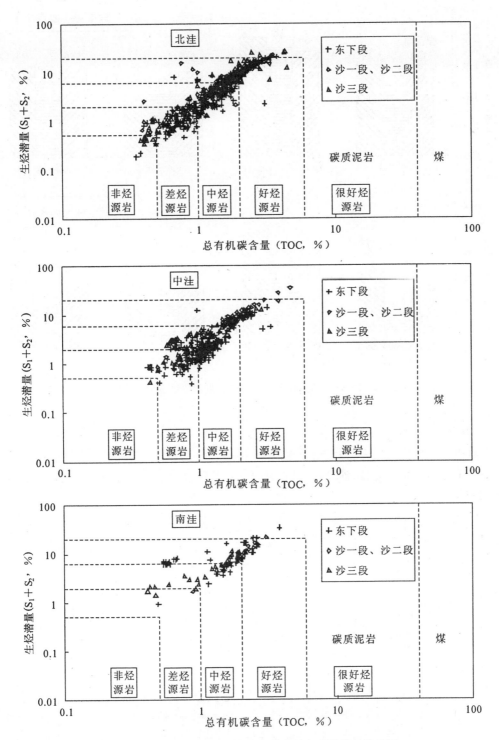

图 12-2 辽中凹陷烃源岩有机碳含量与生烃潜量关系图

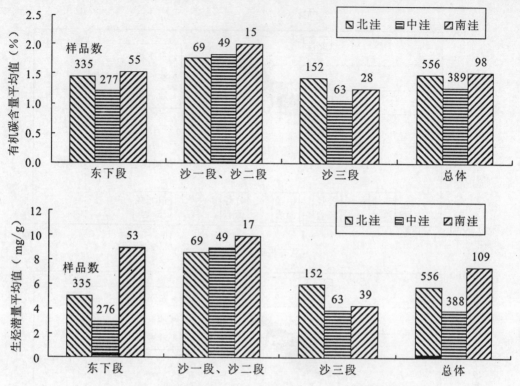

图 12-3　辽中凹陷烃源岩有机碳含量和生烃潜量分布特征

2. 有机质类型

干酪根元素分析结果表明,无论是层段上,还是平面上,辽中凹陷有机质类型都是Ⅱ型干酪根(Ⅱ₁和Ⅱ₂)。相对而言,沙一段、沙二段Ⅱ₁型干酪根偏多。中洼东下段Ⅱ₂型干酪根偏多(图 12-4)。

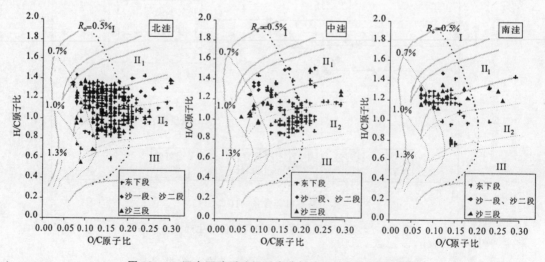

图 12-4　辽中凹陷干酪根元素分析确定的有机质类型图

　　干酪根显微组分鉴定结果显示,无论是层段上,还是平面上,同样是以Ⅱ型干酪根为主,除中洼外,其他地区均偏Ⅱ₁型。北洼和南洼都有一定比例Ⅰ型干酪根,中洼Ⅲ型干酪根比例增加(图 12-5)。Ⅰ型干酪根主要分布在沙一段、沙二段。

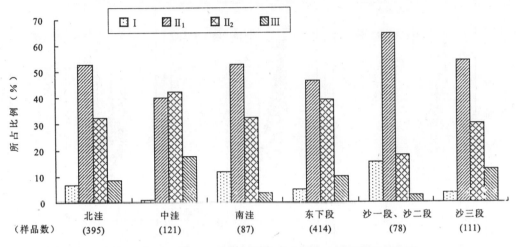

图 12-5　辽中凹陷干酪根显微组分确定的有机质类型分布图

　　岩石热解分析结果显示,有机质类型绝大部分为Ⅱ型干酪根,北洼和南洼的Ⅰ型干酪根比例有所增加(图 12-6),这与干酪根显微组分结果一致。

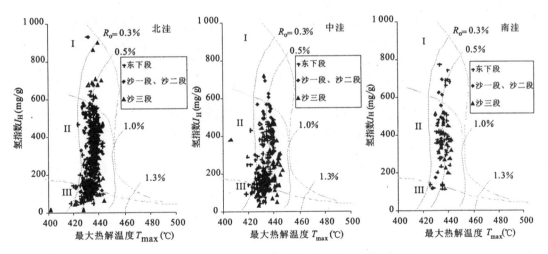

图 12-6　辽中凹陷岩石热解分析确定的有机质类型图

3. 有机质成熟度特征

　　根据钻井揭示的层段烃源岩镜质体反射率数值显示,R_o 最大值低于 1.0%。其成熟度并不高。在中洼和南洼,沙三段有机质的成熟度高于沙一段、沙二段,更高于东三段,北洼沙三段和沙一段、沙二段较低(图 12-7)。然而,钻井揭示的层段一般都是构造部位,埋深相对较浅。根据模拟结果,各层段 R_o 平面等值线图可以清楚地反映出成熟有机质分布范围(图 12-8),

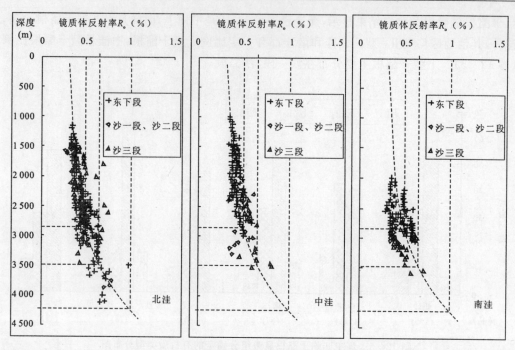

图 12-7 辽中凹陷镜质体反射率(R_o)与深度关系图

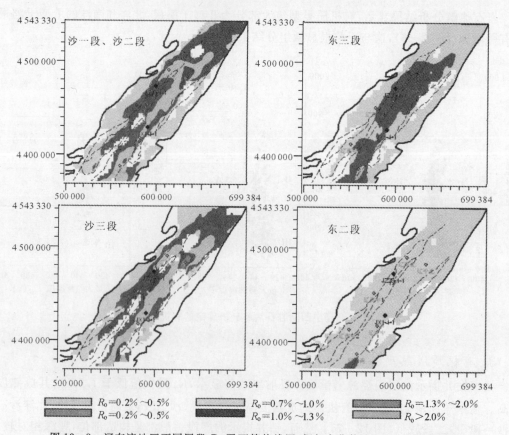

图 12-8 辽东湾地区不同层段 R_o 平面等值线图(据郭永华修改,2010 内部资料)

东二段有机质全区均处于未熟阶段,东三段只有南洼很小范围内进入成熟阶段,其他区域均处于低熟阶段。沙一段、沙二段在北洼和中洼都已达到成熟,北洼中心区域达到生烃高峰。沙三段成熟区域进一步扩大,南洼中心地带达到生烃高峰,北洼中心区域 R_o 值超过 1.3%,有机质演化达到高熟阶段。

总之,辽东湾地区有机质丰度较高(层位上沙一段、沙二段最好,平面上北洼、中洼、南洼大致相当)、类型好(以 II 型干酪根为主,沙一段、沙二段有 I 型干酪根)、成熟度总体不高(东下段处于未熟—低熟阶段,沙一至二段大部分达到成熟,沙三段全部进入成熟阶段,凹陷中心部分小范围达到高成熟阶段,R_o 值超过 1.3%)。

四、烃源岩评价作业

对给定烃源岩地球化学数据包进行数据处理,在网络上查阅相关地区的区域地质资料,从有机质丰度、类型和成熟度 3 个方面对烃源岩作出系统的地球化学评价,并提交书面分析报告一份。

实习十三　油气源对比

一、实习目的

通过本次实习,进一步巩固所学的油气源对比基本原理,熟悉常用的油气源对比方法,学会根据不同地质条件、地球化学资料,选择合适的参数进行油气源对比。

二、实习要求

(1)能够识别饱和烃气相色谱图和 $m/z\ 217$、$m/z\ 191$ 质量色谱图中的常见化合物。

(2)根据饱和烃色谱图和色质图数据,计算 Pr/Ph、OEP 或 CPI、$C_{29}S/(S+R)$、$C_{29}\beta\beta/(\alpha\alpha+\beta\beta)$、$\alpha\alpha\alpha R-C_{27}/C_{29}$、$C_{24}$ 四环萜/C_{26} 三环萜、Ts/(Ts+Tm)、$C_{32}S/(S+R)$、伽马蜡烷指数、升藿烷指数等地球化学参数。

(3)根据给定地区,结合地质条件和原油性质,选择合适的地球化学参数,作出各种相关图,开展原油地球化学对比,划分原油类型,并描述各种类型原油地球化学特征。

三、实例资料

油气源对比的实质是运用有机地球化学的基本原理,合理地选择对比参数来研究石油、天然气、源岩之间的相互关系。不同性质的油气具有不同的化学组成,因此,在进行油气源对比时,应根据油气性质,并结合地质因素,来选择对比参数。

下面列举几种不同性质油气的油气源对比实例,希望能对油气源对比的实习和今后的科研工作起到"抛砖引玉"的作用。

1. 天然气的气源对比

四川盆地威远震旦系气田是我国发现的第一个大气田,也是世界上最古老的气田。其天然气来源问题曾一度引起广大学者的关注。王廷栋等(1996)根据天然气极高的干燥系数(C_1/C_1^+)、高含量 N_2 的非烃组成特征和较重的碳同位素特征(表13-1),结合对可能的烃源

表 13-1　四川威远震旦系天然气组成(据王廷栋等,1996,内部资料)

地区	井号	层位	井深(m)	CH₄(%)	C₂H₆(%)	N₂(%)	He(%)	$C_1/C_1^+\times100$	$\delta^{13}C_1$(‰)	$\delta^{13}C_2$(‰)
威远	威2井	Z_2d^{3-4}	2 836.5~3 005	85.07	0.11	8.33	0.25	99.87	−32.38	−31.34
	威27井	Z_2d^{3-4}	2 851.0~3 950.0	87.07	0.09	6.02	0.31	99.9	−31.96	−31.39
	威30井	Z_2d^{3-4}	2 844.5~2 950.0	86.57	0.14	7.55	0.34	99.84	−32.73	−32.00
	威39井	Z_2d^{3-4}	2 833.5~2 986.0	86.74	0.12	7.08	0.27	99.86	−32.42	−33.98
	威100井	Z_2d^{1-2}	2 959.0~3 041.0	86.8	0.13	6.47	0.3	99.85	−32.38	−31.82
	威106井	Z_2d^{1-2}	2 788.5~2 875.0	86.54	0.07	6.26	0.32	99.92	−32.37	−31.19

岩——下寒武统泥质烃源岩和震旦系碳酸盐岩烃源岩的研究,判识其天然气主要为下寒武统泥质烃源岩的晚期干酪根裂解气。

2. 凝析油的油源对比

轻烃是凝析油的重要组成部分,其组成特征与母质类型、成熟度都有关,而常用于油源对比的生物标志化合物在凝析油中含量极少,不易检测。因此,来自轻烃的信息比生物标志化合物更能反映凝析油的总体特征,其相关参数常用于凝析油的油源对比。如在 Magoon 轻烃成因分类图上,南缘的油和呼图壁的天然气都处于腐殖型成因区,与西北缘二叠系偏腐泥型成因的油亦可区分开(图 13-1)。油气轻烃庚烷值与异庚烷值成因划分图(图 13-2)上可见,南缘油气基本处于腐殖型演化线附近,与西北缘的成熟腐泥型原油和小拐油田高熟凝析油所处区域明显不同。南缘呼图壁和齐古构造(E—J)天然气分布于腐殖型成因的高熟区(仅一个样品除外),而南缘东部呼图壁和吐谷鲁构造天然气伴生的凝析油处于成熟腐殖型区域,其中呼图壁构造的呼 2 井(E)和齐古构造天然气伴生的轻质油则接近低成熟界线,主要与天然气及部分轻烃散失有关,使原油庚烷值偏低。油主要为成熟期的油,而气则主要为高过成熟气.油气不同期。结合该区构造演化和烃源岩发展史,认为准噶尔盆地南缘东部呼图壁气藏的天然气主要来源于侏罗系煤系地层,呼图壁的天然气存在成熟和高成熟天然气,油则为成熟阶段的原油。

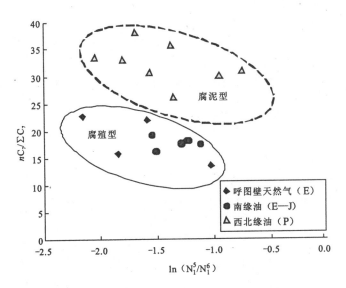

图 13-1　准噶尔盆地 nC$_7$/$\sum$C$_7$ 与 ln(N$_1^5$/N$_1^6$)交会图(据王廷栋等,2001,内部资料)

N$_1^5$. 乙基环戊烷+1,2-二甲基环戊烷(顺式+反式);N$_1^6$. 甲基环己烷+甲苯

3. 正常原油的油源对比

正常原油的油源对比可用参数较多,如轻烃、中分子量烃、生物标志化合物、碳同位素等,实际对比是根据所获取资料选择相关参数即可。如王廷栋等(2004)利用中分子量烃对塔中地区的原油进行了油-油对比(图 13-3),发现塔中所发现的油都是同一个来源,这为进一步用其他指标识别其母源提供了明确且重要的油源信息。

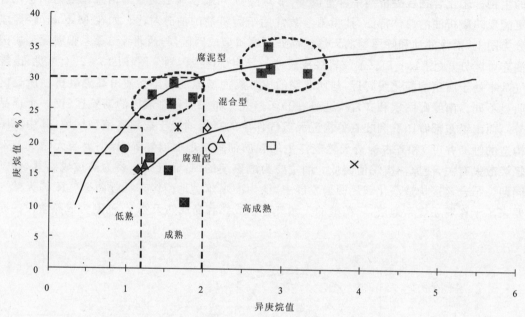

图 13-2 准噶尔盆地凝析油、天然气庚烷值与异庚烷值交会图（据王廷栋等，2001，内部资料）

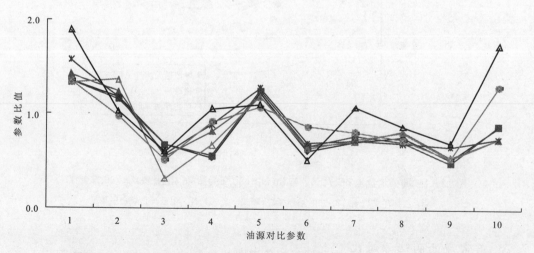

图 13-3 塔中原油、凝析油中等分子量烃对比图（据王廷栋等，2004，内部资料）

注：油源对比参数 1. 丙基环己烷/2-甲基壬；2.2-甲基壬烷/3-甲基壬烷；3.3-甲基壬烷/2,6-二甲基壬烷；4.（正戊基环己烷＋1-甲基癸烷）/2-甲基十一烷；5.2-甲基十一烷/3-甲基十一烷；6.4-甲基十二烷/3-甲基十二烷；7.（正癸基环己烷＋7-甲基十五烷＋6-甲基十五烷）/2-甲基十五烷；8.2-甲基十六烷/3-甲基十六烷；9.（正十一烷基环己烷＋5-甲基十七烷）/2-甲基十七烷；10.2-甲基二十烷/2,6,10,14-四甲基十九烷

4. 生物降解原油的油源对比

对于生物降解油,由于微生物的破坏作用,严重改变了原油的物理和化学性质,使得一些常规的油源对比参数失效或异常。Peters 等(1995)根据原油中各类化合物破坏的顺序和强度,将生物降解原油划分为 10 个等级。显然,对不同降解级别的原油应采用不同的油源对比方法,其参数选择的基本原则就是要选择那些基本未受生物降解影响的生物标志化合物来进行油源对比,如李水福等(2010)在研究泌阳凹陷北部斜坡的严重生物降解油的油源时,发现利用 C_{30} 伽马蜡烷/$2 \times C_{29}$ 藿烷和 $2 \times C_{24}$-四环萜烷/C_{26}-长链三环萜烷图版(图 13-4),可以将泌阳凹陷北部斜坡带不同层位生物降解原油很好地区分开,达到了生物降解油的油源对比目的。

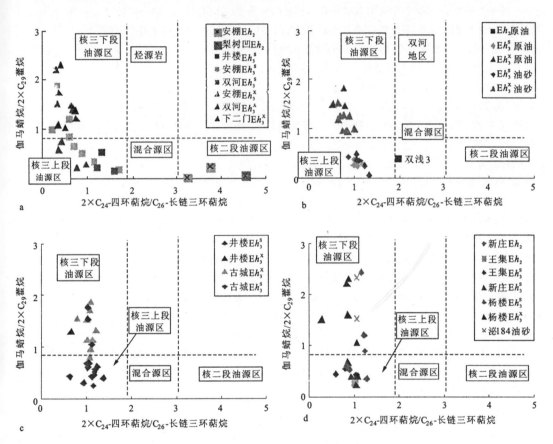

图 13-4　泌阳凹陷不同层位烃源岩和原油的地球化学参数对比图(据李水福等,2010)

四、油源对比作业

以某油田的原油族组分资料、饱和烃气相色谱图及数据、饱和烃色-质谱图及数据的数据包(上机实习时提供)为基础,按照实习要求进行数据整理、分析,结合油田地质资料,对原油进行地球化学特征分析,并进行油源对比。

参考文献

曹寅,钱志浩,等.石油地质样品分析测试技术及应用[M].北京:石油工业出版社,2006.

陈才义,沈忠民,等.石油与天然气有机地球化学[M].北京:科学出版社,2007.

国家发展和改革委员会.石油和沉积有机质烃类气相色谱分析方法(SY/T 5779 - 2008),2008 年 6 月 16 日发布

国家发展和改革委员会.岩石中可溶有机物及原油族组分分析(SY/T 5119 - 2008),2008 年 6 月 16 日发布

国家发展和改革委员会.岩石中氯仿沥青的测定(SY/T 5118 - 2005),2005 年 7 月 26 日发布

侯读杰,冯子辉.油气地球化学[M].北京:石油工业出版社,2011.

侯读杰,张林晔.实用油气地球化学图鉴[M].北京:石油工业出版社,2003.

胡见义,黄第藩,等.中国陆相石油地质理论基础[M].北京:石油工业出版社,1991.

李水福,胡守志,等.泌阳凹陷北部斜坡带生物降解油的油源对比[J].石油学报,2010,31(6):946～951.

李水福,胡守志,等.原油中常见化合物的全二维气相色谱-飞行时间质谱分析[J].地质科技情报,2010,29(5):46～50.

卢双舫,张 敏.油气地球化学[M].北京:石油工业出版社,2008.

覃丽丽,白岗.四极杆质量分析器的研究现状及进展、方向[J].质谱学报,2005,26(4):234～242.

王启军,陈建渝.油气地球化学[M].武汉:中国地质大学出版社,1988.

徐国宾.四极杆质谱原理和技术.复旦大学化学系,复旦大学研究生课程《生物质谱技术与方法》,2009 年 1 月

杨群.分子古生物学原理与方法[M].北京:科学出版社,2003.

张美珍,曹寅,等.石油地质实验新技术方法及其应用[M].北京:石油工业出版社,2007.

中国石油天然气总公司.原油全烃气相色谱分析方法(SY/T 5779 - 1995),1995 年 12 月 25 日发布

周光甲,陈丽华.石油地质实验技术论文集[M].北京:石油工业出版社,1997.

Agilent 7890A GC 现场培训教材.安捷伦科技有限公司,化学分析与生命科学事业部.中文版 B03.01C.

Agilent 7890A 气相色谱仪操作指南(第 2 版).安捷伦科技有限公司,2008.

Hunt J M. Petroleum Geochemistry and Geology[M]. New York:W. H. Freemen and Company, 1996

Peters K E, Walters C C, Moldowan J M. The biomarker guide:Biomarkers and Isotopes in Petroleum Systems and Earth History[M]. Cambridge:Cambridge University Press, 2005.

Tissot B T,Welte D H. Petroleum Formation and Occurrence[J]. Spring - Verlag Berlin, Heidelberg, New York, Tokyo, 1984, Second Edition.